U0337644

国家自然科学基金重点项目（41430317）资助
江苏省碳达峰碳中和科技创新专项（BE2022034）资助
中国矿业大学研究生院优秀博士论文出版项目资助

煤热-动力耦合变质的瓦斯效应研究

——以淮北煤田为例

屈争辉／著

中国矿业大学出版社
·徐州·

内 容 简 介

本书以淮北煤田为主要研究区，在分析区内煤耦合变质类型的基础上，系统采集了不同热-动力耦合变质作用形成的构造煤样，重点开展两方面的研究：其一，运用扫描电镜、X射线衍射、电子顺磁共振、核磁共振和傅里叶红外光谱等结构分析手段，研究煤热-动力耦合变质的演化机理；其二，利用压汞、低温液氮吸附、二氧化碳吸附和等温吸附/解吸等瓦斯特性实验测试技术，开展煤与瓦斯特性对不同类型热-动力耦合变质作用的响应研究。研究成果为深入理解煤与瓦斯突出机理提供了理论支撑，为煤与瓦斯突出的防治提供了借鉴。

图书在版编目(CIP)数据

煤热-动力耦合变质的瓦斯效应研究：以淮北煤田为例/屈争辉著.—徐州：中国矿业大学出版社，2023.2

ISBN 978-7-5646-5746-8

Ⅰ.①煤… Ⅱ.①屈… Ⅲ.①煤突出—预防—研究②瓦斯突出—预防—研究 Ⅳ.①TD713

中国国家版本馆CIP数据核字(2023)第037376号

书　　名 煤热-动力耦合变质的瓦斯效应研究
——以淮北煤田为例

著　　者 屈争辉

责任编辑 何晓明　周　红

出版发行 中国矿业大学出版社有限责任公司
（江苏省徐州市解放南路　邮编221008）

营销热线 (0516)83884103　83885105

出版服务 (0516)83995789　83884920

网　　址 http://www.cumtp.com　**E-mail**:cumtpvip@cumtp.com

印　　刷 苏州市古得堡数码印刷有限公司

开　　本 787 mm×1092 mm　1/16　**印张** 9　**字数** 167千字

版次印次 2023年2月第1版　2023年2月第1次印刷

定　　价 36.00元

（图书出现印装质量问题，本社负责调换）

前　言

高等植物死亡后聚集，经泥炭化和成岩作用而成褐煤，随着埋藏而发生深成热变质作用形成不同变质程度烟煤或无烟煤，这一进程中穿插动力变质、岩浆热变质，使得煤热-动力耦合变质作用过程复杂化，也导致了不同变质、变形类型与程度的煤的形成，对应于不同的结构与瓦斯特性，从而具备不同的煤与瓦斯突出危险性。据统计数据，自20世纪50年代以来，煤矿开采深度不断增加，煤层瓦斯不易在采前抽采，却在采掘过程中大量、快速放散，煤与瓦斯突出灾害日趋严重。但对于煤与瓦斯突出的机理，尚不能得到合理解释，归根结底是对影响煤与瓦斯突出的地应力、瓦斯及煤结构等三大因素间的配置关系了解不够深入，而由不同热-动力耦合变质作用所形成的具有不同结构和瓦斯特性的构造煤，是透彻理解这一机理的物质基础。

我国大地构造背景特殊，由诸多大小不一的陆块拼合而成，其中华北和扬子即是其中最古老且面积最大的两个克拉通，晚古生代因稳定的构造环境与适宜的气候条件而广泛成煤，成为当下煤炭勘探与开发的主要对象。成煤后经历了印支期的深埋、燕山期的构造活动及岩浆作用，煤因不同类型热-动力耦合变质作用组合，形成不同变质程度的构造煤。故此，华北和扬子克拉通晚古生代煤田所经历的耦合变质作用，在全国具有很强的代表性。位于华北克拉通东南缘的淮北煤田，晚古生代煤深成变质程度呈规律性变化，后期叠加不同类型、程度动力和岩浆热变质影响，是开展煤耦合变质研究的典型地区。

本书以淮北煤田为主要研究区，在分析区内耦合变质类型的基础上，系统采集了由不同热-动力耦合变质作用所形成的构造煤样，重点开展两方面的研究：其一，运用扫描电镜、X射线衍射、电子顺磁共振、核磁共振和傅里叶红外光谱等结构分析手段，研究煤热-动力耦合变质的演化机理；其二，利用压汞、低温液氮吸附、二氧化碳吸附和等温吸附/解吸等瓦斯特性实验测试技术，开展煤与瓦斯特性对不同类型热-动力耦合变质作用的响应研究。研究成果为深入理解煤与瓦斯突出机理提供了理论支撑，为煤与瓦斯突出的防治提供了借鉴。

本书的完成离不开导师姜波教授的悉心指导和同事的热心帮助，离不开淮北矿业(集团)有限责任公司地测处和采样矿井各级领导的大力支持，离不开国家自然科学基金重点项目(41430317)、江苏省碳达峰碳中和科技创新专项(BE2022034)以及中国矿业大学研究生院优秀博士论文出版项目的经费资助，在此表示衷心的感谢。

由于水平所限，书中不足之处在所难免，敬请广大读者批评指正。

著　者

2022年10月

目　录

第1章　绪　　论

1.1　选题背景及意义

我国大地构造背景特殊，是由诸多大小不一的陆块拼合而成的，华北和扬子即是其中最古老且面积最大的两个克拉通，晚古生代因稳定的构造环境与适宜的气候条件而广泛成煤，成为当下煤炭勘探与开发的主要对象。成煤后经历了印支期的深埋、燕山期的构造活动及岩浆作用，煤因不同类型热-动力耦合变质作用组合而形成不同变质程度的构造煤。不同类型、程度的变质和变形作用通过改变煤体物理及分子结构而影响煤孔隙以及吸附/解吸特性，使得不同热-动力耦合变质煤样品瓦斯特性差异显著。尤其是强变形构造煤，是导致煤与瓦斯突出的关键所在。

据统计数据，自20世纪50年代以来，煤矿开采深度不断增加，导致地应力及瓦斯压力增大、瓦斯含量升高、煤质更为松软、煤层透气性降低，使得煤层瓦斯不易在采前抽采，却在采掘过程中大量、快速放散，再加上开采煤层地质条件复杂化，煤与瓦斯突出灾害日趋严重。为减少煤与瓦斯突出灾害的危害，全世界的科学家都在进行煤与瓦斯突出预测的研究，不过准确的预测方法应建立在对突出机理充分认识的基础上。然而，目前对煤与瓦斯突出机理的认识尚处于假说阶段，尽管前人创立了一些假说，指导了目前的防突技术研究和应用，并取得了一定的成效，但在实践中仍有些煤与瓦斯突出的形式从机理上得不到合理的解释，且不同的假说对突出过程及其间出现的一些现象的解释存在分歧，归根结底是对影响煤与瓦斯突出的地应力、瓦斯及煤结构等三大因素间的配置关系了解不够深入，而不同热-动力耦合变质作用形成的具有不同结构和瓦斯特性的构造煤，是透彻理解这一机理的物质基础。

淮北煤田位于华北克拉通东南缘，晚古生代煤炭储量丰富，成煤后经历了复杂的热-动力耦合变质作用，各种类型构造煤广泛发育，矿井瓦斯涌出量和瓦斯动力现象频发，煤与瓦斯突出风险大，是开展煤耦合变质及对瓦斯特性控制机理研究的有利区。

本书以国家自然科学基金项目"瓦斯赋存的构造动力学机制及突出预测方法"为依托,以构造煤为切入点,深入研究不同热-动力耦合变质作用下煤结构演化机理及其对瓦斯特性的控制作用。

1.2 研究现状及存在的问题

围绕煤热-动力耦合变质及其对煤瓦斯特性的影响效应,以下系统梳理前人的研究工作与成果认识。

1.2.1 煤热-动力耦合变质

高等植物死亡后聚集,经泥炭化和成岩作用而成褐煤,进而在深成热、岩浆热、构造动力作用下开始了变质作用历程。其中,深成热变质作用是随着埋藏而发生的,是煤变质的基础而不可或缺,岩浆热和构造动力变质的发生则依赖于研究区是否经历岩浆侵入和较强的构造运动,是叠加于深成热变质之上的,不可独存。

1.2.1.1 煤热变质

煤热变质是成煤演化的重要过程,由此形成的不同变质程度煤种决定了煤的用途。为了煤炭资源的合理高效利用,煤热变质作用过程机理一直备受关注,并达成了一定的共识。随着煤变质程度的提高,煤中脂肪族结构减少,芳香族结构增多,煤的结构逐渐趋向于石墨化(罗陨飞 等,2004);煤的聚集态结构则经历了超分子结构→纳米级结构及其增长→微米级结构的形成→石墨晶体这样一个过程(曾凡桂 等,2005),也认识到不同类型热变质环境对煤变质的影响需要得到重视(相建华 等,2016)。

Quaderer 等(2016)以美国伊利诺斯盆地史朋费尔煤系为例,探讨了基性岩墙导致的煤层不同部位接触热变质作用差异的原因,认为该岩墙引起的变质作用不是单纯的热变质,煤层顶底相对冷的流体降温作用差异是导致煤层顶底接触变质作用不同的原因。相建华等(2016)通过对比岩浆侵入作用形成长烟煤和区域变质作用形成焦煤的大分子结构,提出高温低压变质环境可以使煤芳香结构单元发生超前演化。上述研究为细化煤热变质环境及其影响下的煤结构演化机理做出了有益探索,但这个方向的研究相较于我国煤炭热变质作用环境之复杂性而言,尚显不足。

1.2.1.2 煤动力变质

煤动力变质是叠加于不同程度热变质之上的，所以动力变质问题其实是耦合变质的一种类型。然而限于技术条件，大概以2000年为界，之前的研究均偏重于动力作用所形成构造煤的宏观与显微结构构造特征，进而划分构造煤类型，并与产出的构造位置相结合，探讨其形成的应力-应变环境，少有论及煤热变质程度。关于构造煤类型，先后有五分（苏联科学院地质研究所，1958）、三分（中国矿业学院，1979）、四分（焦作矿业学院瓦斯地质研究所，1983）、两类四型七种（朱兴珊 等，1995，1996）、三序列十类（琚宜文，2003）、两序列七类（姜波 等，2004）和七类十九亚类（李明，2013）等代表性划分方案被提出，其中焦作矿业学院瓦斯地质研究所的四类划分方案以其简易性而被广泛应用于研究和现场实际，而2000年以来的分类则更适合于精细化的构造煤成因机理研究。刘杰刚（2018）以韧性变形序列构造煤为切入点，在分析韧性构造煤发育模式的基础上，结合高温高压实验揭示了煤韧性变形的地质控制机理，认为剪切应力是影响煤韧性变形的关键因素，围压和温度则具有促进作用，导致煤定向碎裂流动及揉皱等韧性变形的发生。

2000年以来，透射电子显微镜（TEM）、X射线衍射（XRD）、傅里叶红外光谱（FT-IR）、电子顺磁共振（EPR）、核磁共振（NMR）等分子结构分析技术被引入构造煤的研究，推动了人们对煤动力变质的认识在三个方面发生了改变：① 构造煤的概念得到进一步完善，是在一期或多期构造应力作用下，煤体原生结构、构造发生不同程度的脆裂、破碎或韧性变形或叠加破坏甚至达到内部化学成分和结构变化的一类煤（琚宜文 等，2005），较之前的概念增加了分子结构的变化；② 原本广泛被应用的构造煤类四分方案无法满足更为精细的构造煤成因机理研究需要，促使新的考虑变形序列和分子结构的分类方案形成；③ 当动力变质研究涉及分子结构层面时，其发生的热变质基础，即叠加动力变质作用前的分子结构状态不容忽视，使得新的煤动力变质研究实为热-动力耦合变质研究。

分子结构的引入使得煤动力变质机理得以不断完善，目前主要有三种观点：摩擦热、应变能和力化学（曹代勇 等，2022）。摩擦热实质上依然是温度因素，构造应力通过破裂面上快速机械摩擦转化为热能而引起煤岩化学结构与其成分的改变。应变能观点认为，力作用于非均质物体上会造成应力集中，通过局部区域应变能的积累，为化学键的断裂提供能量，进而促进有机质演化（Bustin et al.，1995a）。力化学观点认为，动力变形起着地球化学作用，一方面通过应力降解作用促进侧链和官能团的化学键断裂，形成小分子结构；另一方面通过应力缩聚作用促进煤的大分子结构定向重排（曹代勇 等，2006；张玉贵 等，2005）。琚宜文等（2009）更是将以上观点与构造煤形成的变形序列相结合，提出在构造应力作用下，煤岩脆性变形主要是通过煤岩块体之间的相互摩擦生热，促进有机质演化，其影响范围有限；韧性变形主要是通过应变能的积累引起化学键的破坏和大分子结构的定向重建，从而发生不同机制的动力变质作用。

1.2.1.3 煤热-动力耦合变质

以深成变质为基础的热-动力耦合变质作用过程是煤变质的常态，可以延伸出各种各样的耦合变质作用类型，故此结合研究煤层产出的地质演化过程，确定热变质与动力变质的类型与程度以及其叠加顺序，对于深入研究煤变质作用至关重要。

现有的煤耦合变质作用研究，多是围绕深成热变质叠加动力变质的自然煤样，煤级涉及气煤和肥煤（郭德勇 等，2016；杨延辉 等，2016），中、低煤级（宋昱，2019），瘦煤和贫煤（姬新强 等，2016），无烟煤和石墨（Wang et al.，2019），变形则包括脆性、韧性及过渡序列，但所依据的构造煤类型划分以四分法为主，限制了认知的精细程度。或是围绕热变质叠加动力变质的高温高压实验煤样，煤级涉及褐煤（肖藏岩，2016）、烟煤和无烟煤（Mastalerz et al.，1993；Wilks et al.，1993；Bustin et al.，1995b；Ross et al.，1997）、无烟煤和石墨（Bustin et al.，1986；Ross et al.，1990）以及跨煤级样品（周建勋，1991；姜波 等，1997；刘俊来等，2005），实验变形环境包括静水岩力、纯剪切、简单剪切等。

总体看来，煤耦合变质的研究尚存在三个方面的不足：第一，耦合类型以热变质叠加动力变质为主，其他类型少有涉及；第二，虽然研究的是热和动力变质的叠加耦合问题，但在微观机制分析中对动力变质的基础，即不同热变质程度煤大分子结构特征的差异及其对动力变质的响应考虑不够；第三，对于耦合变质的分析，多由变形序列与程度出发展开，缺少与样品所在地质环境下热与动力作用过程的结合。琚宜文等（2005）基于淮北、淮南地区煤变质变形环境系统分析，开展同变质背景的煤大分子结构应力效应研究。李小诗等（2011，2012）进一步运用傅里叶变换红外光谱、激光拉曼光谱和 X 射线衍射等方法，探讨不同变质阶段煤大分子结构叠加脆性、韧性和脆-韧性变形作用下的演化，在一定程度上弥补了上述不足，但由于样品煤级跨度大，难以凸显后期动力变质的叠加耦合作用。

1.2.2 耦合变质的瓦斯效应

1.2.2.1 热变质的瓦斯效应

文献中有关煤热变质瓦斯效应的研究，主要是在不同变质程度煤孔隙特征刻画的基础上，探讨煤吸附和瓦斯放散随变质程度的变化规律与机理。对于孔隙而言，起初的研究多采用显微镜和扫描电镜等直接观测方法，以及压汞、液氮或二氧化碳吸附等间接的介质流体充注法，此两类方法因直接观测面有限和介质无法达及封闭孔隙，所得结果均与煤真实孔隙发育存在误差(刘阳 等，2019)。近些年，小角X射线衍射法(SAXS)以其能测定密闭孔隙、可以实现煤纳米孔全面揭示而受到关注，并被用于不同变质煤纳米孔隙研究。

刘阳等(2019)运用SAXS对褐煤到无烟煤不同变质煤样品开展了纳米孔隙特征表征。张钰等(2021)更是增加了低温液氮和二氧化碳吸附实验，对SAXS测试结果加以验证，得到了更为可靠的认识，认为最大镜质组反射率小于0.5%时，煤岩孔隙率和比表面积随变质程度增加而增加；介于0.5%和1.4%时，孔隙率和比表面积减小；介于1.4%和4.0%时，孔隙率和比表面积增大；大于4.0%时，孔隙率和比表面积缓慢增加。该结果中孔隙率和比表面积随变质程度起伏变化的节点，正好与煤热演化过程中生油的起始点和结束点以及生气的结束点相对应，两相印证表明了结果的可信度。

对于不同煤级煤吸附和放散初速度，或是针对中、高阶煤超临界吸附甲烷特性(解帅龙，2020)和中、低阶煤瓦斯放散特性(高政 等，2022)的单独研究，或是基于纳米孔特征表征的低、中、高阶煤吸附和扩散特性研究(李祥春 等，2019；阎纪伟，2020)，增进了人们对于热变质瓦斯效应的认知，但对于孔隙的表征还是用的是传统的间接法，因此有必要引入新的方法细化机理研究。

1.2.2.2 耦合变质的瓦斯效应

为尽量消除热变质的影响，前人有关动力变质瓦斯效应的研究往往都是针对某一变质程度的构造煤进行的，均不同程度涉及热-动力耦合变质问题，所以瓦斯效应的文献综述不再单列动力变质的瓦斯效应。至于耦合变质的瓦斯效应，与耦合变质相类似，理当有不同的耦合类型瓦斯效应，但目前的研究多集中于热变质叠加动力变质的瓦斯效应，即针对不同变质程度的不同变形类型和程度构造煤展开。而瓦斯效应的具体内容则与热变质相类似，主要是基于孔隙、吸附/解吸和放散特性。

对于孔隙的研究，或针对某一变质程度构造煤，如贫煤(李阳 等，2019)，或针对某一变质区间，如肥、瘦和贫煤(郭德勇 等，2019)，低、高阶煤(刘彦伟 等，2021)，变质程度多样，但所涉及的构造煤类型较为统一，均采用了四分法划分方案。宋昱(2017，2018)采用二类七型的划分方案，研究了构造煤的纳米孔特征及大分子结构演化机理，在动力变质的孔隙效应方面有了新的尝试，但仅是针对气肥煤，不足以体现不同变质程度间的动力变质差异。

对于吸附的研究，部分研究仅从覆盖烟煤和无烟煤变质序列的构造煤的吸附特征角度进行(毋亚文，2018)，更多的则是结合孔隙和大分子结构进一步探究不同变质程度构造煤吸附特性与机理，其中有采用构造煤四分方案的，亦有采用二类七型方案的，前者涉及变质程度较多，如焦、贫和无烟煤，长烟煤到无烟煤（毋亚文，2018）；后者往往针对某一变质类型，如气煤（王琳琳 等，2022）、气肥煤（宋昱 等，2017）、肥煤（程国玺，2017；么玉鹏，2017）。

对比煤耦合变质的研究不足，瓦斯效应的研究同样存在类似三方面需要完善。

1.2.3 存在的问题

综上所述，目前关于煤耦合变质及瓦斯效应的研究尚存在如下问题：

(1) 无论是基于自然的还是高温高压变形实验的研究，对于样品所产出的地质演化背景（即样品经历的深成热、岩浆热和动力等三种变质耦合叠加过程）考虑不足，而这是煤发生耦合变质并导致煤瓦斯效应差异的根本原因。

(2) 针对特定煤耦合变质作用过程下，低、中、高阶不同变形序列和程度构造煤的大分子结构以及孔隙和吸附/解吸等瓦斯特性的全逻辑链系统尚待完善，这是揭示煤耦合变质机理的关键。

1.3 研究内容及技术路线

本书以不同耦合变质作用过程形成的系列构造煤为切入点，以构造煤结构及瓦斯特性的系统实验为基础，综合运用构造地质学、煤岩学、瓦斯地质学以及物理化学等多学科理论体系，并应用有效的数理计算方法，深入探讨构造煤结构演化机理及其对瓦斯特性的控制作用。具体的研究内容、技术路线及实施安排如下。

1.3.1 研究内容

(1) 基于不同尺度、不同序列、不同煤级和不同类型构造煤结构实验分析，深入探讨不同煤级及相同煤级不同类型构造煤结构演化机理。

(2) 通过不同序列和不同类型构造煤孔隙和吸附/解吸等瓦斯特性的测试，系统研究不同类型构造煤的瓦斯特性。

(3) 综合分析构造煤结构演化和瓦斯特性的研究成果，深入探讨不同类型构造煤结构演化机理及其对瓦斯特性的控制作用。

1.3.2 技术路线

技术路线如图 1-1 所示。

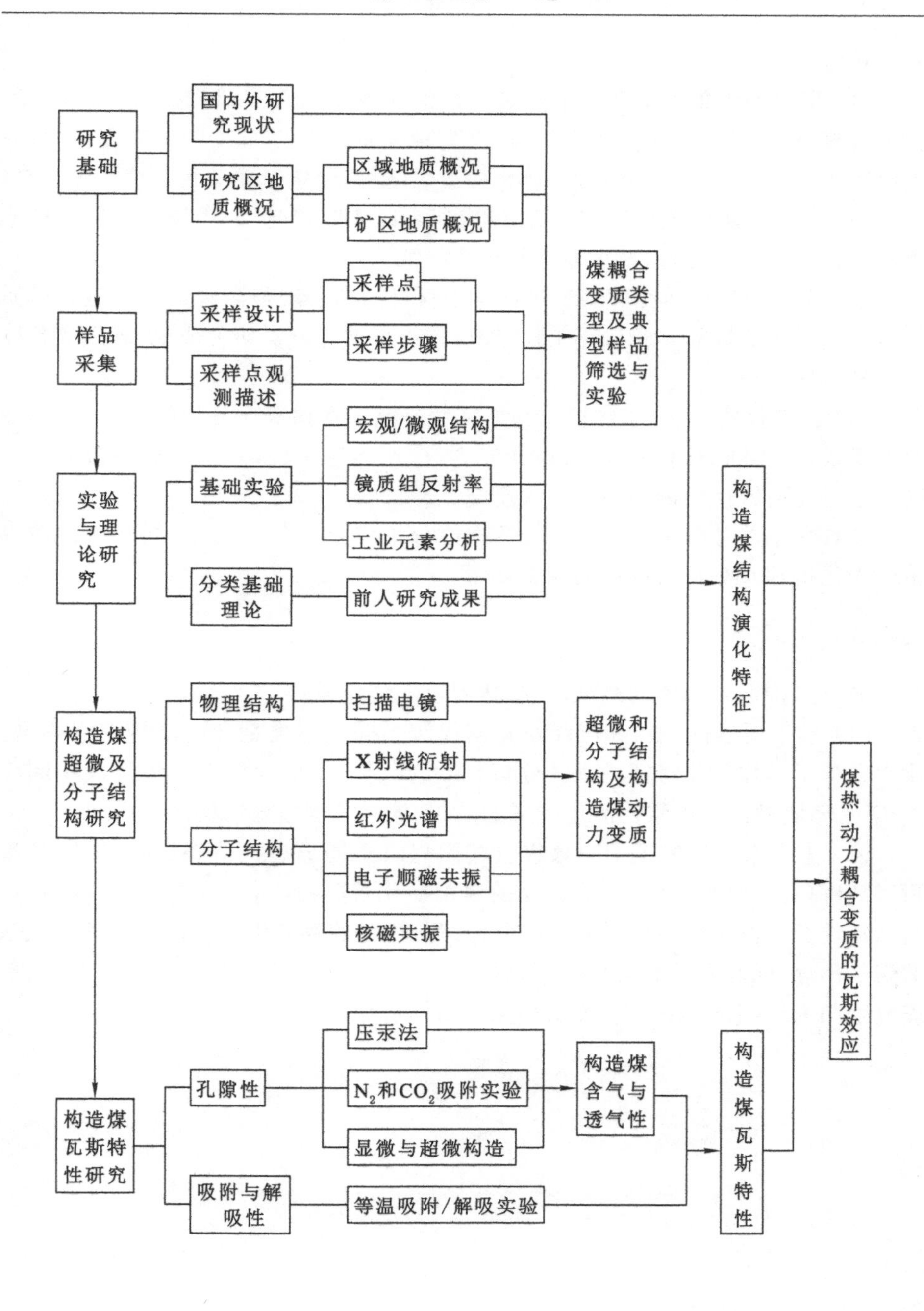
研究基础
国内外研究现状
研究区地质概况
区域地质概况
矿区地质概况
样品采集
采样设计
采样点
采样步骤
采样点观测描述
煤耦合变质类型及典型样品筛选与实验
实验与理论研究
基础实验
宏观/微观结构
镜质组反射率
工业元素分析
分类基础理论
前人研究成果
构造煤结构演化特征
构造煤超微及分子结构研究
物理结构
扫描电镜
分子结构
X射线衍射
红外光谱
电子顺磁共振
核磁共振
超微和分子结构及构造煤动力变质
煤热-动力耦合变质的瓦斯效应
构造煤瓦斯特性研究
孔隙性
压汞法
N_2和CO_2吸附实验
显微与超微构造
构造煤含气与透气性
吸附与解吸性
等温吸附/解吸实验
构造煤瓦斯特性

图 1-1 技术路线

具体内容包括：

(1) 资料的收集与整理。本书以安徽淮北煤田为重点研究区，收集研究区相关资料，包括区域与矿井地质资料、瓦斯地质资料及煤与瓦斯突出资料等；前人研究成果，具体包括煤与瓦斯突出，构造煤结构、化学组成及瓦斯特性等资料。

(2) 样品采集。依据研究内容，结合研究区实际情况，采集较为系统的构造煤样品，并描述采样点构造煤发育及构造特征。

(3) 实验与理论研究。系统进行构造煤样品的宏观与微观结构观测和镜质组最大反射率测试等实验研究工作，综合前人构造煤分类研究成果，确定实验样品的构造煤类型。

(4) 构造煤物理、分子结构及瓦斯特性研究。在构造煤分类的基础上，选择典型煤样，对不同类别和级次的煤样序列，应用多种手段，对构造煤超微和分子结构及对瓦斯特性的影响进行深入研究。

(5) 综合研究。综合以上实验及理论分析成果，深入探讨不同煤级构造煤结构演化机理及对瓦斯特性的控制作用。

1.3.3 创新点

通过对构造煤系统的测试研究，达到以下创新点：

(1) 本书通过低、中、高煤级及相同煤级不同变形类型和程度构造煤物理、化学和分子结构演化特征的系统分析，深入探讨了不同煤级及相同煤级不同应力-应变环境对构造煤结构演化的影响，深刻揭示了构造煤结构演化机理。

(2) 本书系统研究了不同煤级及相同煤级不同类型构造煤的孔隙结构、吸附/解吸等瓦斯特性，并结合构造煤的结构演化，深入探讨了构造煤结构演化对瓦斯特性的控制机理，将弱脆性碎裂变形煤、中等脆性碎裂变形煤和中等及较强剪切变形煤、强脆性碎裂变形和弱韧性变形煤、强剪切变形和强及较强韧性变形煤分别归为非突出、弱突出、突出和强突出构造煤。

第 2 章　研究区地质与煤耦合变质

淮北煤田位于安徽省北部，区内煤炭储量丰富，核定煤炭生产能力为 2 000 万 t/a，是中国华东地区重要的煤炭工业基地。该区所处地质环境复杂，近年来随着开采水平的不断延深和开采强度的不断加大，矿井瓦斯涌出量和瓦斯动力现象急剧增多(范景坤 等，2001)。2003 年，芦岭矿“5・13”特大瓦斯爆炸事故的发生与该矿所处的复杂地质环境密不可分。2005 年，先后有桃园、童亭、石台等由于开采深度增加，升级为煤与瓦斯突出矿井，使淮北突出矿井达到 7 对。研究区成煤后经历了印支期的深埋、燕山期的构造活动及岩浆作用，具有深成变质基础上叠加动力和岩浆耦合变质的特征，有利于开展煤耦合变质及对瓦斯特性控制机理的研究。

2.1　地层与含煤地层

淮北地区地层区划属于华北地层大区，具有垂向二元结构，即由太古界和下元古界组成的变质基底以及由中上元古界和上覆地层组成的沉积盖层，由于所处地理位置不同，又表现出其区域特点。

2.1.1　区域地层

研究区发育的地层自下而上包括太古界，上元古界青白口系、震旦系，古生界寒武系、奥陶系、石炭系、二叠系，中生界三叠系、侏罗系和白垩系，新生界古近系、新近系和第四系(安徽省地质矿产局，1987；韩树棻，1990；王桂梁 等，1992)，如图 2-1 所示。

前古生界由一套中-深变质岩与正常海相沉积岩岩系组成，零星出露于含煤地层外围或伏于较新地层之下；下古生界寒武系、奥陶系是一套典型的海相沉积组合，主要分布于宿州附近及以北地区，以不整合关系覆于震旦系之上。

上古生界石炭系、二叠系全区发育，受加里东运动影响，本区缺失下石炭统。该套地层为海相和近海沉积组合，煤层发育，为研究区的含煤地层。露头主要分布于淮北萧县东部，底界以假整合接触关系覆于中奥陶统之上。

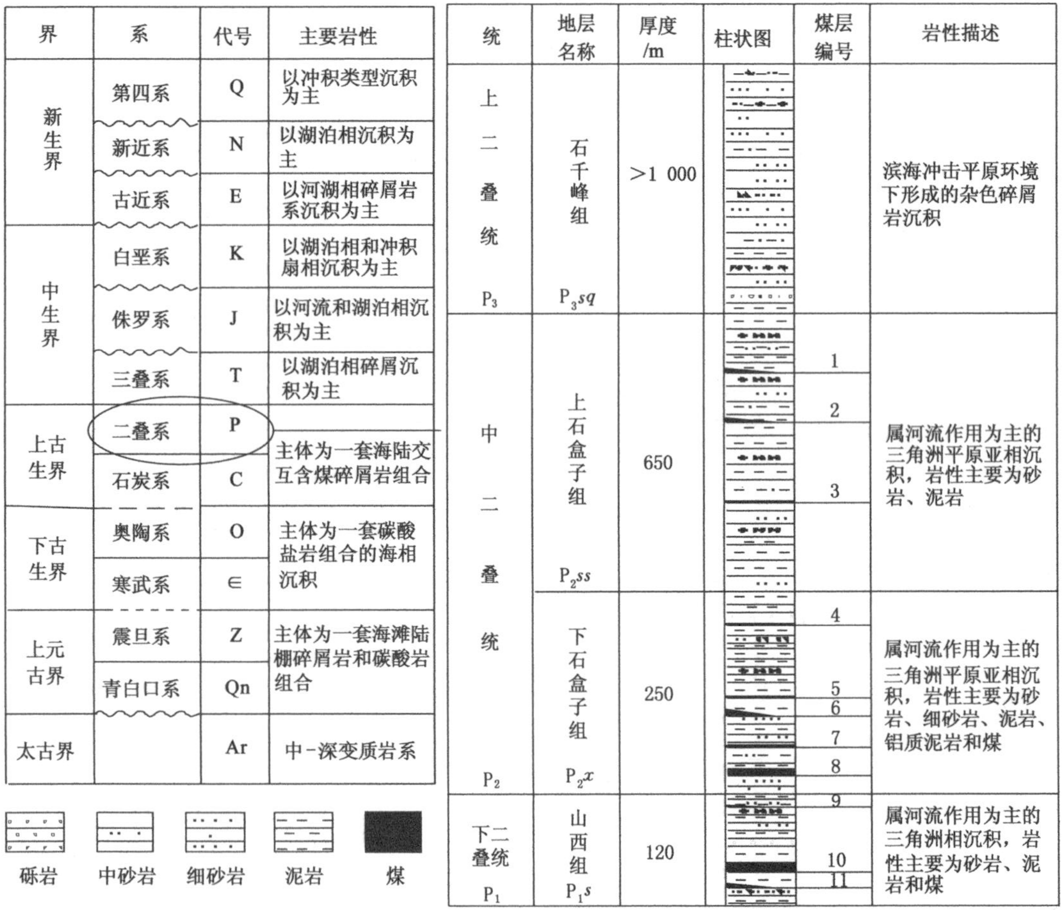

界	系	代号	主要岩性
新生界	第四系	Q	以冲积类型沉积为主
	新近系	N	以湖泊相沉积为主
	古近系	E	以河湖相碎屑岩系沉积为主
中生界	白垩系	K	以湖泊相和冲积扇相沉积为主
	侏罗系	J	以河流和湖泊相沉积为主
	三叠系	T	以湖泊相碎屑沉积为主
上古生界	二叠系	P	主体为一套海陆交互含煤碎屑岩组合
	石炭系	C	
下古生界	奥陶系	O	主体为一套碳酸盐岩组合的海相沉积
	寒武系	∈	
上元古界	震旦系	Z	主体为一套海滩陆棚碎屑岩和碳酸岩组合
	青白口系	Qn	
太古界		Ar	中-深变质岩系

统	地层名称	厚度/m	柱状图	煤层编号	岩性描述
上二叠统 P_3	石千峰组 P_3sq	>1 000			滨海冲击平原环境下形成的杂色碎屑岩沉积
中二叠统 P_2	上石盒子组 P_2ss	650		1, 2, 3	属河流作用为主的三角洲平原亚相沉积，岩性主要为砂岩、泥岩
	下石盒子组 P_2x	250		4, 5, 6, 7, 8	属河流作用为主的三角洲平原亚相沉积，岩性主要为砂岩、细砂岩、泥岩、铝质泥岩和煤
下二叠统 P_1	山西组 P_1s	120		9, 10, 11	属河流作用为主的三角洲相沉积，岩性主要为砂岩、泥岩和煤

砾岩　中砂岩　细砂岩　泥岩　煤

图2-1　淮北地区地层层序划分及主要含煤地层综合柱状图

中生界三叠系、侏罗系和白垩系在本区受地壳运动影响，发育程度不一。三叠系仅残存下部层位刘家沟组和尚沟组，侏罗系主要分布于淮北地区东部，白垩系则多分布于中生代断坳盆地之中。中生界各系之间呈不整合接触关系，底界以整合接触关系覆于上二叠统石千峰组之上。

新生界是一套盆地相和平原河湖相沉积，古近系较为发育；新近系在区内不太发育，许多地区缺失沉积；第四系分布较为普遍，西厚东薄。新生界各系之间呈不整合接触关系，底界与白垩系呈不整合接触关系。

2.1.2　含煤地层

石炭系和二叠系是研究区内含煤岩系，总厚度大于 1 300 m，上石炭统本溪组和上石炭统-下二叠统太原组含薄煤层均不可采；二叠系山西组和下石盒子组为主要含煤层位，上石盒子组所含煤层局部可采（吴文金 等，2000；范景坤 等，2001；琚宜文，2003；宋立军 等，2004；Zheng et al.，2008），如图 2-1 所示。

山西组是一套整体上表现为海退序列的三角洲体系沉积，下部层序表现为逆-正粒序，由下到上岩性依次为泥岩、粉砂岩、细砂岩、粉砂岩和泥岩，属前三角洲和三角洲前缘亚相；上部地层属以河流作用为主的三角洲平原亚相沉积，层序表现为向上变细的正粒序，岩性以粗砂和中细砂为主。本组地层与太原组连续沉积，全区广泛分布，平均厚度约为 120 m，是本区主要含煤层段之一，发育 10 煤和 11 煤两煤组，其中 10 煤较为稳定，是淮北地区主要可采煤层。

下石盒子组由多个三角洲平原亚相正粒序旋回组成，岩性主要为细砂岩、粉砂岩、泥岩和煤。与下伏山西组连续沉积，全区广泛分布，平均厚度约为 250 m，是本区主要含煤层段之一，发育 4、5、6、7、8 和 9 等六煤组，煤层常见合并与分叉现象，其中 7 煤和 8 煤为区内主要开采层位。

上石盒子组为一套以三角洲沉积为主，间夹滨岸相泥岩和硅质岩，并逐渐向冲积平原过渡的含煤碎屑岩沉积。岩性主要为中砂岩、粉砂岩、泥岩和煤层。与下伏下石盒子组连续沉积，平均厚度约为 650 m，是本区主要含煤层段之一，发育 1 煤、2 煤和 3 煤三煤组，其中 3 煤为区内主要开采层位。

2.2　构造特征及其演化

淮北煤田位于华北克拉通东南缘，属于鲁西-徐淮隆起区中南部的徐宿坳陷，夹持于近东西向的丰沛隆起和蚌埠隆起之间，向西与河淮沉降区相接，东部以郯庐断裂带为界（王桂梁 等，1992），如图 2-2(a)所示。

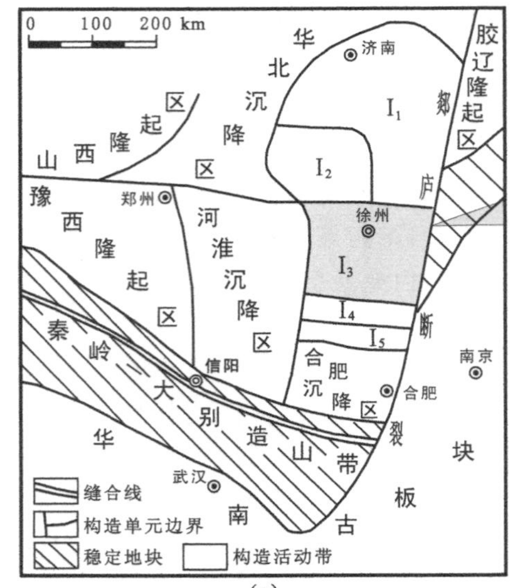

(a)

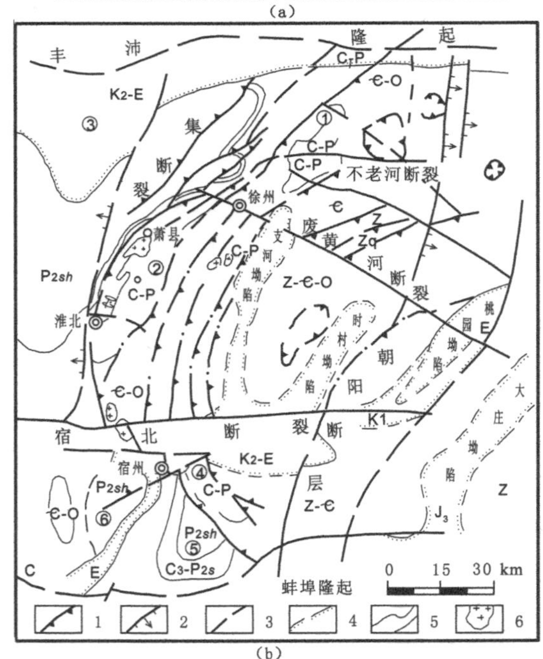

(b)

Ⅰ—鲁西-徐淮隆起区；I_1—鲁西隆起；I_2—鲁西南坳陷；I_3—徐宿坳陷；I_4—蚌埠隆起；I_5—淮南坳陷；

1—逆冲断层；2—正断层；3—其他断层；4—不整合界线；5—地层界线；6—岩浆岩；

①—贾旺向斜；②—闸河向斜；③—萧西向斜；④—宿东向斜；⑤—宿南向斜。

图 2-2 研究区大地构造位置及构造简图

2.2.1　区域构造特征

研究区经历了多期构造运动，形成了复杂而独特的褶皱断层系统。整体上，区域基底构造格架受南、东两侧板缘活动带控制，表现为受郯庐断裂控制的近南北向（略偏北北东）的褶皱断裂，叠加并切割早期东西向构造，形成菱形断块式的隆坳构造系统，并在此基础上发展形成了以线性紧闭褶皱和逆冲叠瓦断层为主要特征的徐-宿弧形双冲-叠瓦扇逆冲断层系统（王桂梁 等，1998）。

受近东西向和北北东向主干断裂的控制作用以及徐-宿弧形双冲-叠瓦扇逆冲断层系统的影响，淮北地区以北北东向褶皱、断层和近东西向断层最为发育，并于北东和南东地区分别发育了北东和北西向褶皱及断层，同时，研究区在平面上也展现出南北分异、东西分带的特征，以宿北断裂为界，淮北地区可以分为南、北两个区，如图 2-2(b)所示。

2.2.1.1　北部地区

研究区北部地区处于徐-宿弧形推覆构造体的主体部位，受逆冲推覆构造的控制，具有明显的东西分带性，由东向西可划分出东带、中带、峰带和外缘带（王桂梁 等，1992）。

东带位于贾汪向斜、支河坳陷一线以东，基岩属大面积的上元古界青白口系和震旦系，属于推覆构造的根带及后缘带，表现为低缓倾角的逆冲断层及其伴生平卧褶皱的逆冲岩席，顶冲断层以下发育倾角较大的逆断层，叠瓦状逆冲断层不很发育。同时，本带还发育有呈北东-北北东向展布的中新生代断陷盆地，如支河坳陷和时村坳陷及北北东走向的正断层，这些盆地和正断层的形成应与推覆后期的应力松弛拉张作用有关。

中带与西部峰带之间以闸河向斜相隔，为古生界基岩出露区，对应于逆冲推覆构造的中带，表现为一系列走向北北东向东倾斜近于平行的逆冲断层及线性斜歪紧闭褶皱；峰带西部以萧西向斜为界，为逆冲推覆构造的峰带，构造上表现为由叠瓦扇状反冲断层组成的被动顶盖结构，并呈现出由北向南的渐变性。废黄河断裂以北反冲断层最为发育，向南数量逐渐减少，延伸至萧县复背斜西翼，由于反冲断层的转换与合并而逐渐消失，过渡为由古生界组成、轴面东倾、两翼明显不对称的北北东向萧县复背斜与较宽缓的闸河复向斜。

萧西向斜及其以西地区为外缘带，属逆冲推覆构造的下伏系统，构造相对要简单得多，表现为一系列走向北北东-近北南向、宽缓、弱变形的褶皱构造，如萧西向斜及其西部的永城背斜等，并伴有大量相同走向的正断层。

2.2.1.2　南部地区

宿北断裂以南、板桥断裂以北为南部地区，是第四系覆盖的全隐伏区，以北西走向的西寺坡断层为界，本区又可划分为东、西两带。

西寺坡逆冲断层及其以东地带，位于徐-宿弧形构造的东南末端，属逆冲推覆构造的上覆系统，但由于宿北断裂左行撕裂作用使该段所遭受的应力要远小于北部地区，具有变形弱、构造简单、分带现象不明显的特征（王桂梁 等，1992），也不具有反向的逆冲断裂带，仅发育了前缘北西走向的西寺坡断层以及上盘外来系统构成的宽缓宿东向斜。

西寺坡逆冲断层以西为外缘带，属逆冲推覆构造的下伏系统，构造迹线以北北东向为主，与北部地区相同，并见有正断层切穿宿北断裂，贯穿南北。与北部地区不同的是，本带褶皱以近北南向的短轴背、向斜为主，且近东西向正断层也很发育，如图 2-2(b)所示。

2.2.2 区域构造演化

2.2.2.1 印支旋回——两大板块全面拼贴阶段

印支运动对中国大陆东部大地构造发展具有划时代意义，南、北古大陆板块全面拼贴形成统一的中国大陆。三叠纪，华北和扬子古板块步入全面拼贴阶段（马文璞，1992），研究区沉积环境由海陆交互相过渡为内陆湖相，且沉降中心北迁，区内仅有下二叠系零星分布，但与下伏地层呈连续沉积。全面的拼贴对应于印支运动，代表着华北古板块所受由南向北的挤压达到最大，板内也产生了一定的构造变形，发育了一系列东西向逆断层，如板桥断裂和丰沛断裂等，并造就了煤层总体呈东西向展布的特征。

2.2.2.2 燕山旋回——安第斯型活动大陆边缘演化阶段

印支运动以后，太平洋地球动力体系日趋强化。燕山旋回阶段，亚洲大陆东侧发展为宏伟的安第斯型活动大陆边缘（任纪舜，1989）。中国大陆东部大地构造演化进程受到古亚洲大陆与库拉-太平洋板块之间的相互作用以及古陆壳板块拼贴后持续作用的联合控制。

印支运动末期到燕山运动早期，陆壳板块之间的持续作用加上北侧丰沛隆起的由北向南推挤，引发了研究区由北西向北西西偏转的挤压应力（王桂梁 等，1998），使得该区东部近力源区形成弧形推覆构造，而在逆冲推覆的外缘带形成北北东向褶皱断层系，如图 2-2(b)所示。

自侏罗纪以来日益加强的库拉-太平洋板块向东亚大陆俯冲作用（Hilde et al.，1977），于燕山运动中期达到高潮，来自库拉板块北北西向的俯冲使研究区北北东向断层产生了左行平移的高潮，并切割早期东西向构造。同时板块的俯冲和地壳运动激化促使深部物质运动加剧，造成晚侏罗世至早白垩世岩浆活动高潮的出现，加上本区逆冲缩短变形后出现应力松弛，形成规模不等的受东西向和北北东向断层控制的晚侏罗和早白垩火山岩盆地（王桂梁 等，1992），研究区内形成了宿北正断层，并对中、新生界沉积起到了重要的控制作用。

2.2.2.3　喜马拉雅旋回——西太平洋型活动大陆边缘演化阶段

燕山运动末期，随着库拉-太平洋板块俯冲带向东迁移，亚洲大陆东缘由安第斯型大陆边缘转化为西太平洋型大陆边缘，并于古近纪后期洋脊完全消减（Hilde et al.，1977）。洋脊俯冲引起弧后地幔物质上涌，岩石圈侧向伸展，地壳减薄，使中国东部构造体制发生根本转折，区域性拉张裂陷成为地壳运动的主要方式。

2.3　岩浆活动

研究区岩浆活动历史与构造运动密切相关，元古代、古生代、中生代和新生代均有发生。就现有资料分析，岩浆活动主要发生在中生代燕山期，该期岩浆活动对煤层乃至煤化作用产生了重要影响。岩浆岩的岩石类型繁多，超基性、基性、中性、酸性岩浆岩均有发育，其中尤以中性和酸性岩浆岩分布较广。多以小型岩体出露于含煤地层分布区外，含煤地层分布区内基岩露头很少。据煤田地质资料和矿井开采资料，见有直接侵入煤层或其附近的岩床、岩墙和岩脉等情况，使得煤层局部被吞蚀或煤级增高。燕山期大小不等的岩体常伴随褶皱和断裂发育，根据岩体侵入层位、岩浆岩类型及同位素年龄测定数据，整个燕山期大致先后有四期岩浆活动（琚宜文，2003）。

第一期主要形成中性岩浆岩。主要与东西向构造有关，岩石类型主要有闪长岩、闪长玢岩、石英闪长岩、石英闪长玢岩等，岩体零星出露，大多为隐伏岩体，分布在宿北断裂附近，呈岩床、岩脉、岩墙产出。代表性岩体如宿州西二铺闪长岩体，同位素年龄为 145 Ma，相当于晚侏罗世，属于燕山期早期产生。

第二期主要形成酸偏中性岩浆岩。与近北南向和北北东向构造关系密切，主要分布在永城背斜一带，岩性为花岗闪长岩、二长花岗岩、石英正长岩等。在萧县侵入丰涡断裂与砀山断裂交汇处的杨套楼岩体，岩性以二长花岗岩为主，侵入围岩为下奥陶统至上二叠统。

第三期主要形成酸性岩浆岩。与北北东向断裂相关，岩性为花岗岩、花岗斑岩，主要分布于萧县丁里、宿州夹沟、泗县大涂庄、凤台丁集等地，呈岩株和岩床产出。位于萧县的丁里岩体为此期出露面积最大岩体，露头面积约 18 km^2，呈岩株状侵入萧县背斜南东翼，在岩体边缘有较多的太原组灰岩和砂岩俘虏体，岩性为花岗斑岩。

第四期主要形成基性、超基性侵入岩。主要为辉绿岩和辉长岩，分布于淮北东部的闸河向斜及宿南向斜等地，以淮北烈山南后马厂岩体规模较大。本期岩浆岩在宿南向斜对煤层影响较明显，向斜北部、东南部局部发生深变质，形成贫煤至无烟煤甚至天然焦。

研究区范围内，岩浆岩分布以宿北断裂以北较多，除了出露岩体外，常沿北北东向断裂有岩脉出现，宿北断裂以南较少。对煤田影响较大的是一些小岩体，如岩株、岩床、岩墙和岩脉，它们直接侵入煤系或煤层之中。受岩浆岩影响的地区有淮北宿州断裂以南祁东一带、宿州以西海临杨一带。

2.4 煤热-动力耦合变质环境

依据构造展布及煤层赋存特征，淮北煤田可划分出四个矿区：宿北断层以北的濉肖矿区、以南的宿州矿区以及临涣矿区和涡北矿区，如图 2-3 所示。统计分析各矿区主采煤层变质相关数据知，主体变质程度具有自东向西、自南而北渐深的规律，具体表现为：宿州矿区朱仙庄矿以气煤为主、祁南矿以气煤和肥煤为主，临涣矿区海孜矿及涡北矿区涡北矿以肥煤和焦煤为主，濉肖矿区石台矿以焦煤为主。该规律与三叠纪华北大型内陆坳陷盆地演化过程有关，尤其是中三叠世以来华北盆逐步向中西部收缩（彭深远 等，2022），致使处于盆地东南缘的淮北地区自东向西、自南向北三叠纪沉积厚度渐厚、剥蚀程度渐弱，进而使得晚古生代煤层的深成热演化程度向西向北渐高，从而印证了上述各矿区主煤层变质程度是深成变质作用的结果，为后期耦合变质的基础。

中三叠世以来，盆地收缩源自地壳、盆缘向盆内的逐渐隆升代表着深成变质的结束，而后的印支和早燕山运动导致的不同序列和程度变形是叠加其上的动力变质作用。研究区岩浆作用主要发生在中晚燕山期，对侵入体附近的煤层叠加岩浆热变质作用，叠加于深成变质作用或动力变质作用之上，形成更高的煤级。如此，淮北煤田煤层耦合变质作用可以分为三种类型：深成＋动力、深成＋岩浆和深成＋动力＋岩浆。其中，第一种和第三种是本次研究的重点，即热-动力耦合变质。

为尽量避免变质程度的影响，本次研究选择三种不同变质程度气煤、焦煤和无烟煤不同变形序列和程度构造煤样品开展工作，基于此选择宿州矿区朱仙庄矿和祁南矿采集气煤样品、临涣矿区海孜矿和涡北矿区涡北矿采集焦煤样品以及受岩浆侵入影响较大的临涣矿区海孜矿和濉肖矿区石台矿采集无烟煤样品。

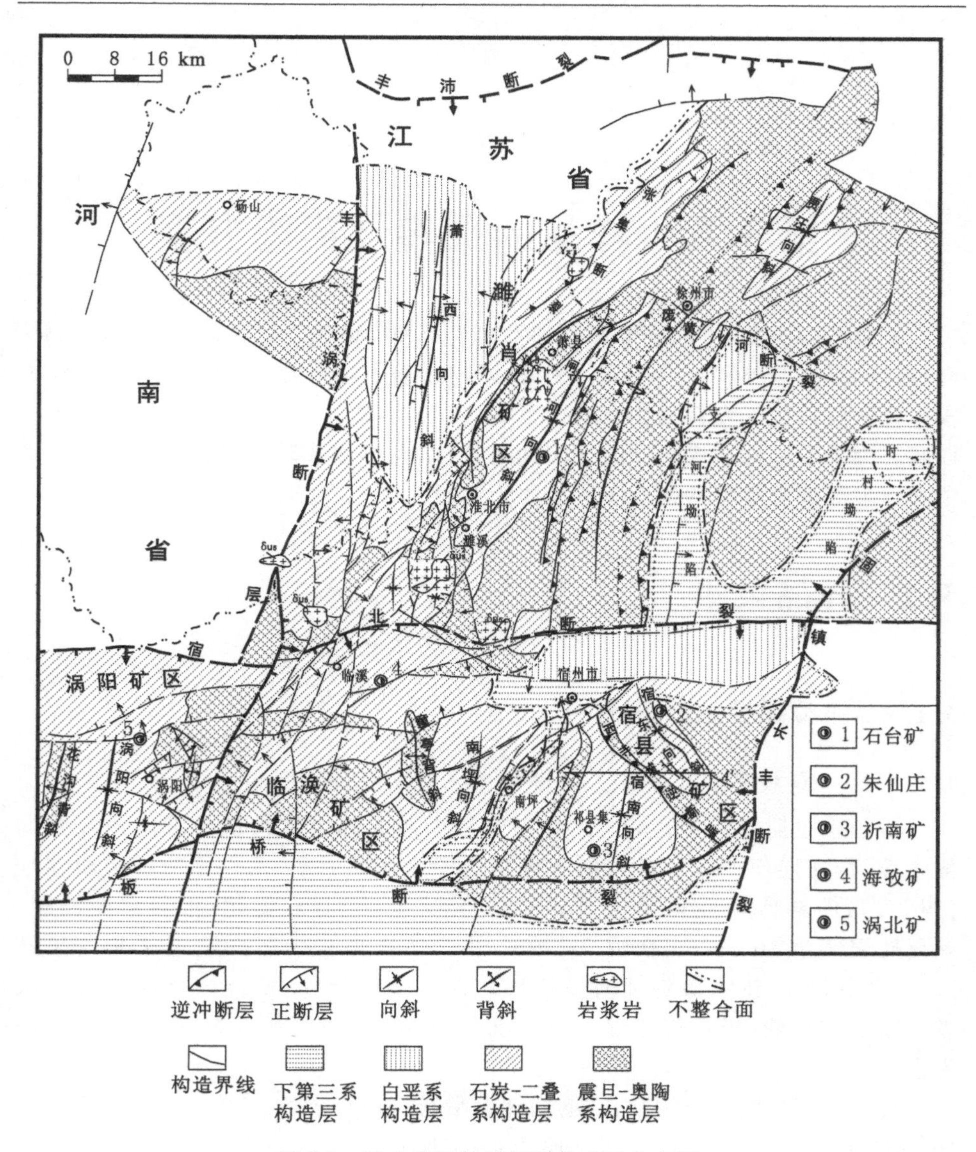

图 2-3　淮北煤田构造纲要及矿区分布图

第3章　样品的采集及实验方案

采集不同类型、不同变形环境和不同变形程度的构造煤样品，是实现本书研究目标的重要基础和关键环节。为此，研究过程中对相关矿井的构造背景、矿井构造特征及构造煤发育的特点进行了深入研究，确定以安徽淮北矿区为主要采样区。为了保证构造煤类型的全面和系统性，在淮南和黔西南煤田的相关矿井中同样采集部分类型的构造煤样品作为对照。

3.1　样品采集

3.1.1　采样矿井地质概况

3.1.1.1　*石台矿*

石台矿隶属濉肖矿区，位于徐-宿弧形构造北部主体构造中带闸河复式向斜中部、张庄向斜西翼。矿井的主体构造即为张庄向斜，为一不对称向斜盆地(图 3-1)，向斜轴向北东 3°～26°，轴面向南东倾斜，枢纽起伏，地层东陡西缓，东翼地层倾角 40°～75°，西翼 5°～25°，核部地层为上石盒子组，褶曲形态呈纺锤状，北部因 F_3 断层切割轴向呈弧形弯曲。除此之外，矿井内还伴生许多次级的断层和褶曲，极具规律性。以 F_{j2} 断层为界，东部以断层为主，西部以褶曲为主。

石台矿断层发育，矿井内共勘探到大小断层 400 余条，其中大多为落差小于 10 m 的小断层，断层性质以正断层为主，逆断层少见，见表 3-1。根据断层的空间展布方向，可将其分为北北东、北东、北西和近东西向四组。其中，北东向最为发育，倾向北西，倾角变化大，断层面一般平直光滑，常见砂泥质成分的挤压透镜体和方解石薄膜沿断层面分布；其次为平行于主体构造轴向的北北东向断层，该组断层延伸较远，断层面多呈舒缓波状，倾角变化大，破碎带较宽；北西和近东西向断层发育较少，前者倾角大，约 60°，有较长延伸，断面呈舒缓波状，断层紧闭，破碎带较宽，后者多为张扭性正断层，倾向南，倾角约 70°，断层面呈锯齿状，破

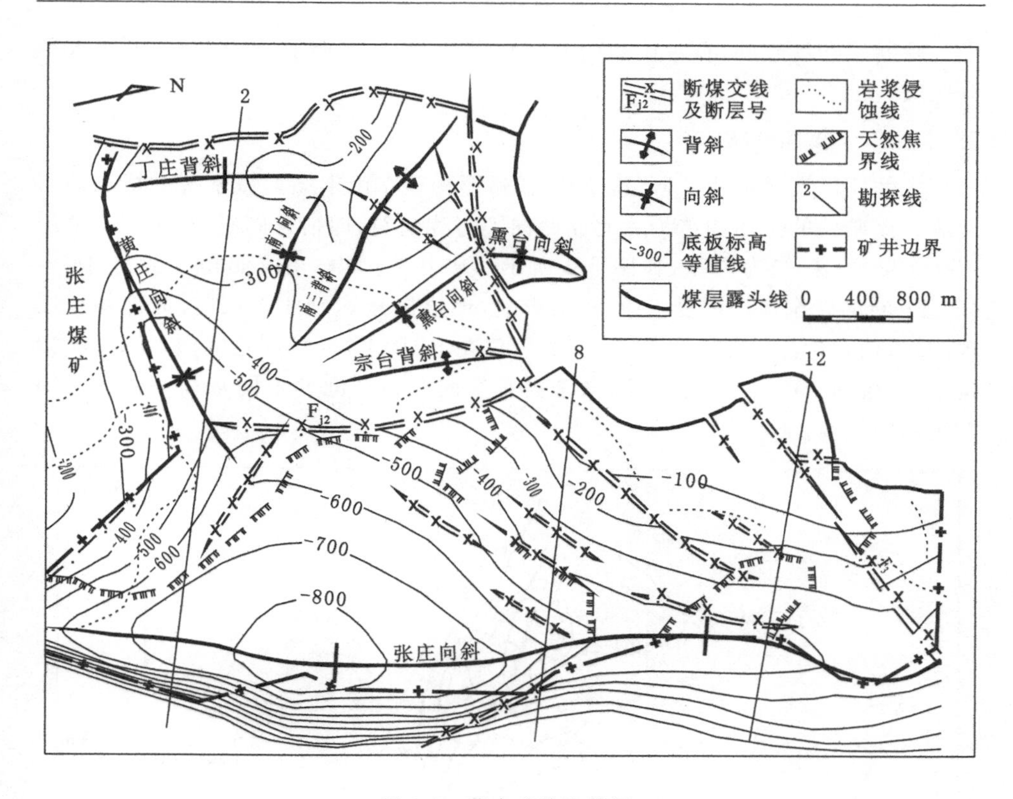

图 3-1　石台矿构造简图

碎带较宽，为 2.0～5.4 m，带内角砾岩发育。此外，矿井内 12 勘探线以北见有层滑构造发育。

表 3-1　石台矿断层情况一览表

断层性质	断层条数					合计
	<10 m	10～20 m	20～30 m	30～50 m	>50 m	
正断层	418	6	4	1	6	435
逆断层	3	0	1	0	1	5
合计	421	6	5	1	7	440

石台矿井内褶曲除张庄向斜外，都集中发育于 F_{j2} 断层西侧，由北向南依次为宗台背斜、熏台向斜、南三背斜、南丁向斜、丁庄背斜和黄庄向斜，且整体呈放射状排列，轴向由北南→北西→北东有规律地过渡，说明该区处于应力的复杂转换部位。

除断层和褶皱外，石台矿井内岩浆侵蚀范围广，影响到 F_{j2} 断层东侧的大部分区域。

3.1.1.2 朱仙庄矿

朱仙庄矿隶属宿州矿区，位于徐-宿弧形构造东南末端上覆系统的宿东向斜北段。该矿井的主体构造为一北北西向不对称向斜，即宿东向斜，宿东向斜地层产状东陡西缓，较为紧闭，如图 3-2 所示。矿井范围内，东翼倾角一般为 30°～45°，F_{22} 断层以东地区因受 F_4 逆断层影响，地层倾角达到 45°～90°，局部甚至出现倒转；西翼地层倾角一般为 15°～25°，仅在 F_{19} 和 F_{23} 断层附近的向斜变窄处倾角稍大，可达 30°～45°。同时区内东翼有走向与宿东向斜走向基本一致的紧闭次级褶曲发育。

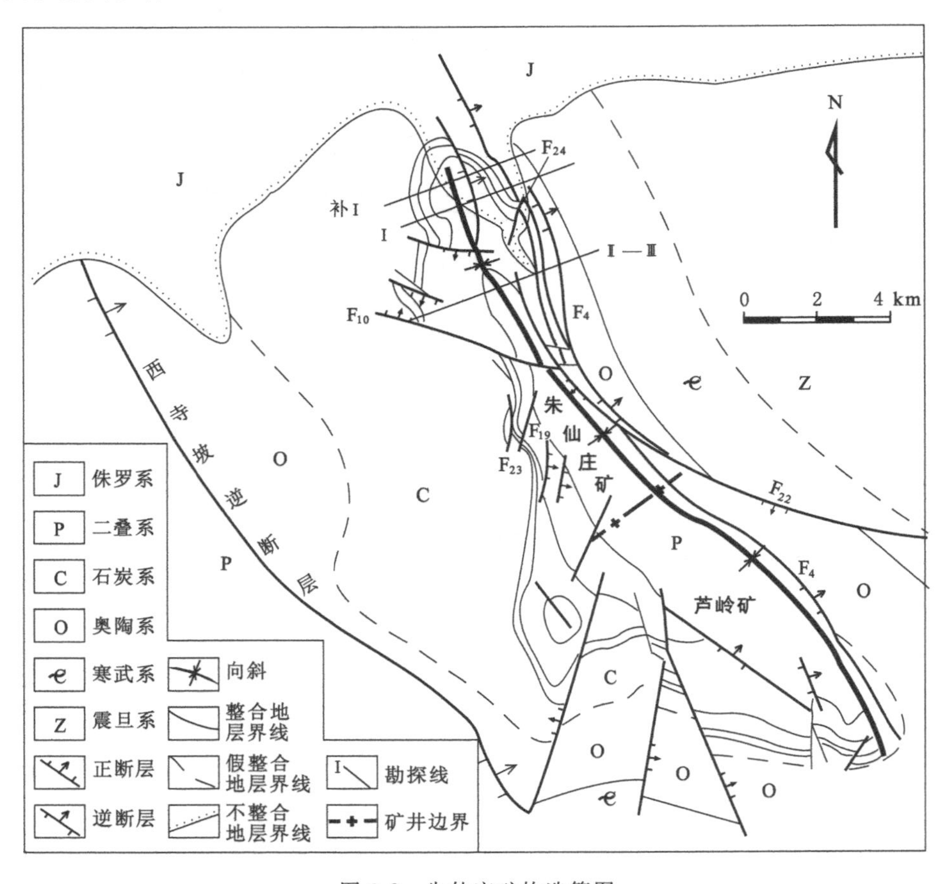

图 3-2 朱仙庄矿构造简图

朱仙庄矿的断裂构造发育(表3-2),按走向可分为北北西、北北东和近东西向三组,其中与矿井总体构造向斜大致平行的北北西向最为发育,多分布于矿井东翼,且延伸较远;北北东向断层也较为发育,多发育于矿井西翼,一般延伸较短;近东西向断层发育较少,但却贯穿东西,并切割以上两组断层。

表3-2 朱仙庄矿断层情况一览表

断层性质	断层条数					合计
	<10 m	10～20 m	20～30 m	30～50 m	>50 m	
正断层	—	8	11	11	11	—
逆断层	—	2	0	4	5	—
合计	38	10	11	15	16	90

除褶皱与断层外,该矿井内也有岩浆活动,主要影响F_{10}断层以北的区域,且对8煤和10煤两主力煤层都有侵入。8煤中岩体分布在Ⅰ线至Ⅱ-Ⅲ线之间的向斜轴两侧,且从Ⅰ线至F_{24}断层之间开始自北向南以波状形态由煤层底部侵入并向煤层顶部过渡,岩体厚度逐渐变小;10煤中岩体分布在F_{10}断层至补Ⅰ线之间,呈层状在煤层中展布,并往向斜深部变薄。

3.1.1.3 祁南矿

祁南矿隶属宿州矿区,位于徐-宿弧形构造东南末端下伏系统的宿南向斜西南端。宿南向斜虽与宿东向斜同属宿州矿区,且仅一断层之隔,但因处于推覆构造下伏系统,所经受应力作用相较宿东向斜要小很多,整体形态呈东北端被切割的箱状褶皱,地层产状同样具有东陡西缓的特点,构造发育程度相对较弱,尤其是其西翼之南端、南部之西端的祁南矿井所属区块,为一走向近北南转至东西、向南西凸出、倾向东至北的弧形单斜构造,地层倾角北部略陡,一般为20°～30°,中部及东部较缓,一般为7°～15°。矿井中部及东部发育次一级褶曲,即王楼背斜和张学屋向斜,轴向基本与地层走向一致,如图3-3所示。

祁南矿断层发育相对较弱,无论是断层发育总数,还是大断层的发育数量,均远少于朱仙矿井(表3-3),但分布较为集中,主要位于区内中部转折端部位,这应是转折端处应力集中所致。按照断层的走向,可将其划分为北北东、北西西和北北西三组,其中北北东和北西西向最为发育,前者走向基本与宿南向斜轴向一致,一般延伸较长,后者则与区内王楼和张学屋两褶曲轴向相同,延伸较短;北北西向断层发育较少,一般为落差小于10 m的小断层。

矿井内岩浆活动不甚强烈,主要侵入下煤组10煤和中煤组6煤。侵入10煤的岩浆岩最为发育,分布较广,主要分布在补18线以北及17线以东地区;而侵入6煤的岩浆岩主要分布在17线以东地区。

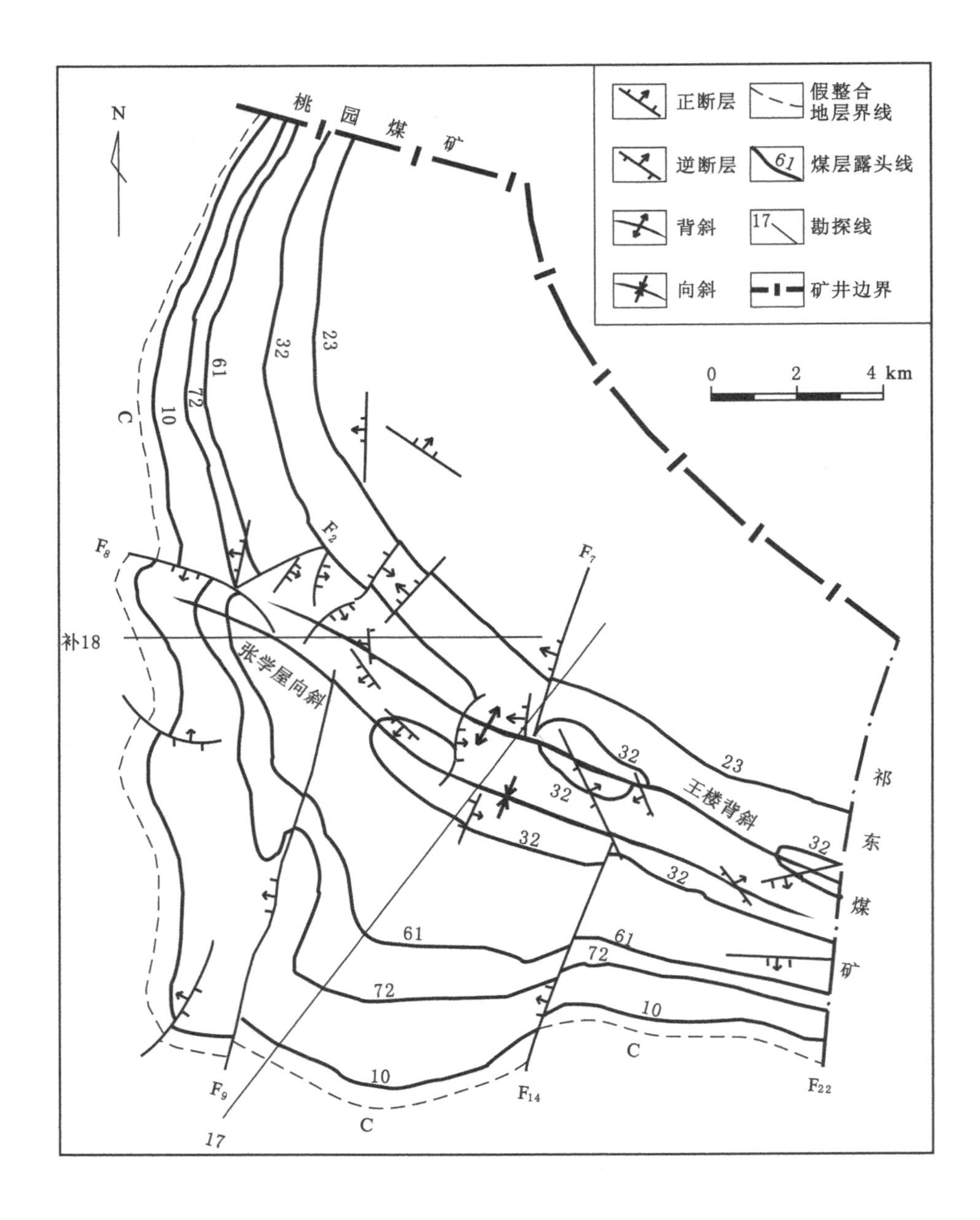
桃园煤矿
正断层
逆断层
背斜
向斜
假整合
地层界线
煤层露头线
勘探线
矿井边界
0 2 4 km
N
张学屋向斜
王楼背斜
祁东煤矿
补18
F8
F2
F7
F9
F14
F22
17
C
10
72
61
32
23

图 3-3 祁南矿构造简图

表 3-3　祁南矿断层情况一览表

断层性质	断层条数					合计
	<10 m	10～20 m	20～30 m	30～50 m	>50 m	
正断层	12	20	6	3	4	45
逆断层	1	13	4	1	1	20
合计	13	33	10	4	5	65

3.1.1.4　*海孜矿*

海孜矿隶属临涣矿区，位于徐-宿弧形构造外缘带中部，北邻区域主控断裂——宿北断裂，西面和东南面分别为次级断裂——大刘家和大马家断裂所围，尽管其远离推覆构造体，但构造仍然较为复杂。海孜矿总体上为一走向近东西、向北倾的单斜构造，区内被吴坊断层切割为两个区，即大井(吴坊断层以北东西区)和西部井(吴坊断层以南三角区)，如图 3-4 所示。东西区为较简单的单斜构造，地层倾角总体上西部缓、东部陡，中部有较小的起伏，一般为 10°～30°，局部增大至 70°；三角区为一不完整的向斜构造，地层倾角较为平缓，一般为 5°～15°。全区少有褶皱发育，目前仅查出两个，即分别位于吴坊断层上盘和下盘的高湖向斜和季湖背斜，均较宽缓。相比而言，区内断层较为发育，局部层滑构造发育。

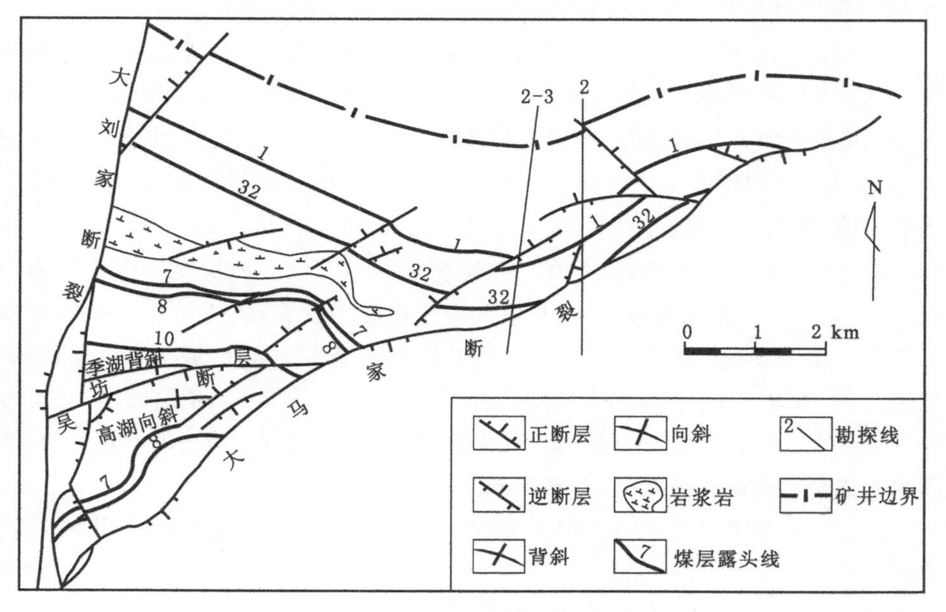

图 3-4　海孜矿构造简图

海孜矿现已查出断层54条，主要是落差小于20 m的中小断层，断层性质上主要表现为正断层，见表3-4。就断层展布方向而言，可分为以大马家断裂为代表的北东向、以大刘家断裂为代表的北北东向、以吴坊断层为代表的北东东向和北西向四组，其中北东向最为发育，其他发育较少，平面上区内断层构造多分布于大马家断层一侧，如图3-4所示。

海孜矿岩浆活动较为强烈，主要分布在2-3线以西的5煤和2线以东的10煤中。

表3-4　海孜矿断层情况一览表

断层性质	断层条数					合计
	<10 m	10～20 m	20～30 m	30～50 m	>50 m	
正断层	8	18	3	2	5	36
逆断层	4	8	1	3	2	18
合计	12	26	4	5	7	54

3.1.1.5　涡北矿

涡北矿隶属涡阳矿区，位于徐-宿弧形构造外缘西部，地处宿北断裂、板桥断裂、夏邑-固始断裂和丰涡断裂所围成的菱形地块内。主体构造表现为一遭受断层切割走向近北南的西倾单斜，地层倾角一般为20°～30°。其南、北自然边界分别为F_9、F_{9-1}和刘楼断层，区内的F_{22}和F_{26}两条相交的正断层将矿井分割成4个小的区块，如图3-5所示。

涡北矿褶曲不甚发育，仅存在一些宽缓的波状起伏。断层是本区主要的构造类型，除第Ⅲ小区相对稀少外，其他3个小区较为发育，尤以第Ⅳ小区发育最为复杂。全区共查出断层54条，断层性质以正断层为主，逆断层仅有3条，断层规模较大，落差大于50 m的大断层比例超过40%，见表3-5。依照断层走向，可分为近北南、近东西和北西向三组，其中近北南向最为发育，其次为近东西向，该两组构成全矿井的构造格架，北西向断层发育较少。

涡北矿也见有岩浆侵入，但岩浆活动弱，仅在矿井边缘有两个孔钻遇岩浆岩。

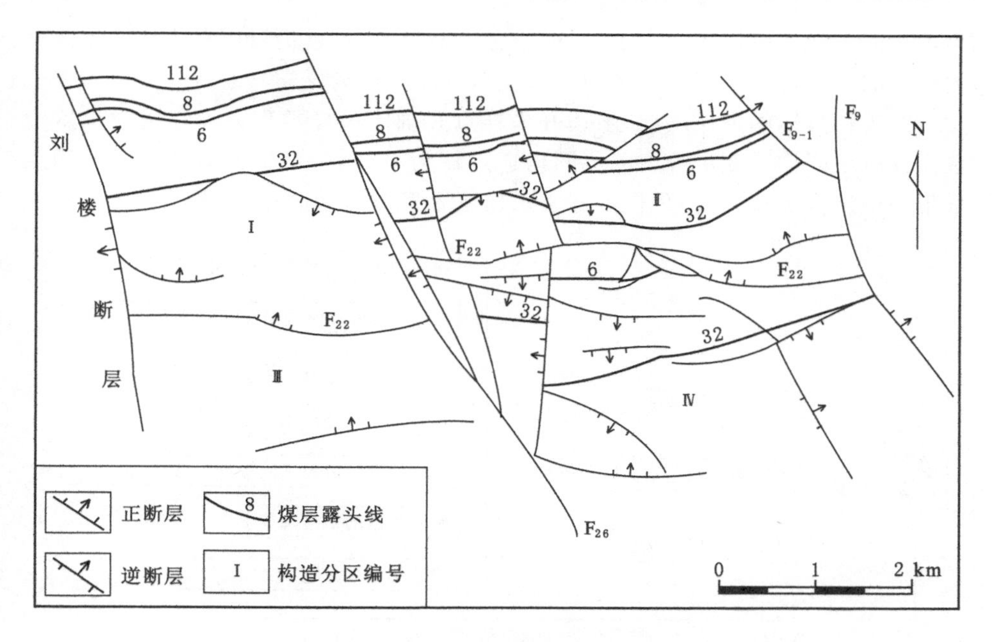

图 3-5　涡北矿构造简图

表 3-5　涡北矿断层情况一览表

断层性质	断层条数					合计
	<10 m	10～20 m	20～30 m	30～50 m	>50 m	
正断层	8	12	4	7	20	51
逆断层	0	1	0	0	2	3
合计	8	13	4	7	22	54

3.1.2　采样流程

在深入分析区域、矿区及矿井地质条件的基础上，针对不同矿井的特点，分别采集不同类型的构造煤样品。

首先须确定采样位置。对于构造煤样采样位置的确定，理想的情况是选择矿井中或结合矿区范围的大中型构造及其组合的不同构造部位，如褶曲的轴部和翼部、断层上下盘、顺层滑动构造不同层位及地堑等组合构造的不同位置等。如此不仅可以用以研究不同类型构造煤的差异，还可进行构造对构造煤控制作用的研究。然而，实际采样位置的选定受到矿井生产实际的严重制约，为安全考虑，矿井在采掘过程中是即采即护的，这就意味着只能在遇煤的采掘工作面及采煤工作面采样。采样矿井定了,采样位置也就定了,不过仍可以在工作面揭露到的构造的不同位置采集具有不同构造变形程度的构造煤样品。

在进行具体的采样之前,须选好采样点并确定采样类型。应在采样位置上选择具有不同构造变形程度的不同构造点作为采样点,再根据研究的需要确定采集的构造煤类型,并将采样点标于采样位置素描图上,如图 3-6 所示。

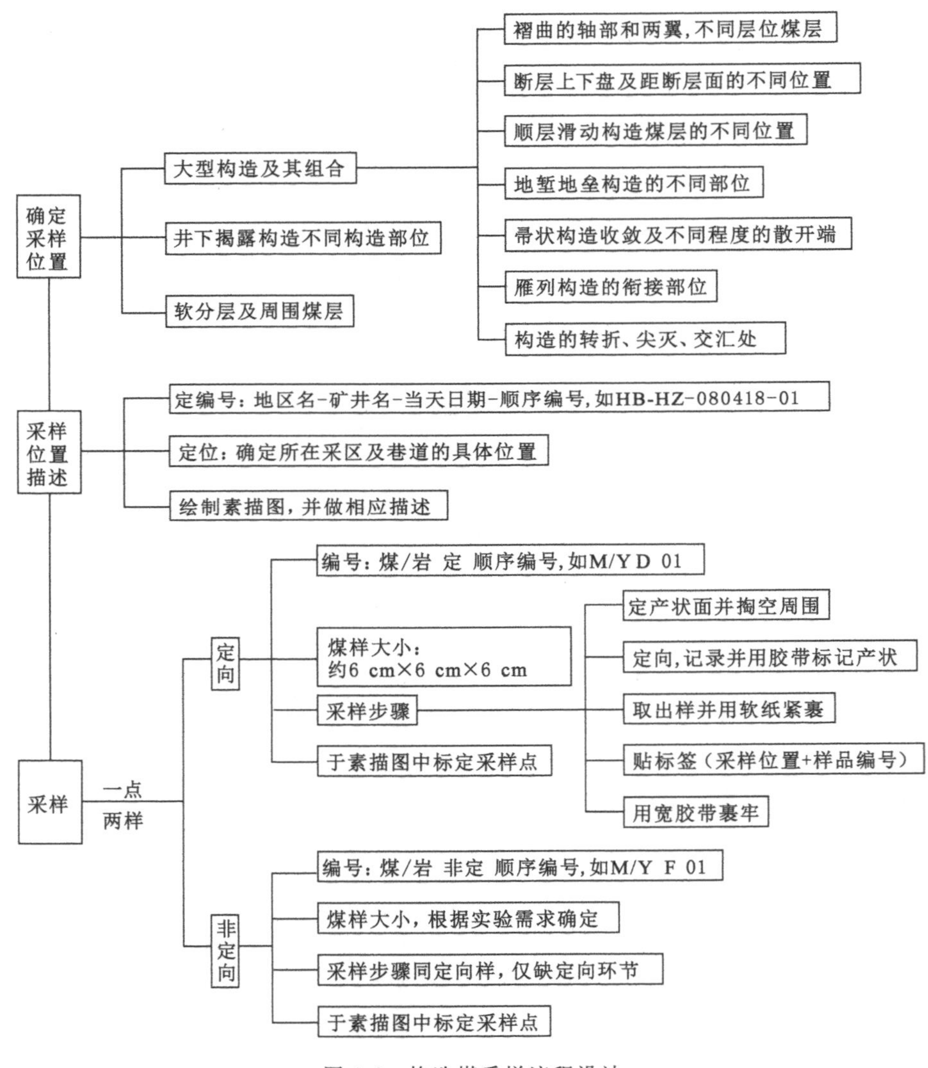

图 3-6 构造煤采样流程设计

3.2　构造煤类型及应力-应变环境

参照前人构造煤的分类方案，本次研究采集的构造煤类型见表 3-6。

表 3-6　样品所属构造煤类型及特征

<table>
<tr><th>系列</th><th colspan="2">煤类</th><th>整体</th><th>断面</th><th>节理和破碎度</th><th>手拭</th><th>镜下</th></tr>
<tr><td rowspan="6">脆性系列</td><td colspan="2">初碎裂煤</td><td>块状，手标本尺度无滑面</td><td>清晰原生结构</td><td>稀疏，节理面无滑动，沿之不易掰裂</td><td>硬，可掰成大砾块，单砾捏不动</td><td>裂隙简单发育</td></tr>
<tr><td rowspan="2">块状碎裂煤</td><td>Ⅰ</td><td>节理面或滑面切割成的块状，>40 mm</td><td>清晰原生结构</td><td>较发育，≥2 组，节理面无或略具有滑动性</td><td>硬，易掰成大砾块，单砾捏不动</td><td>裂隙简单或较发育</td></tr>
<tr><td>Ⅱ</td><td>滑面或节理面包裹的疏松块状，采掘和采样活动易致其剥离</td><td>大块可见原生结构</td><td>节理很发育，≥2 组，将煤体切割成小于 20 mm 的棱角块状</td><td>硬，单砾不易捏碎</td><td rowspan="3">裂隙较为发育</td></tr>
<tr><td rowspan="2">片状碎裂煤</td><td>Ⅰ</td><td>滑面或节理面切割的片状</td><td rowspan="2">原生结构受发育节理扰动仍可见，部分因节理密集而模糊</td><td>一组优势节理发育，单层厚 2～4 mm，易沿节理掰裂</td><td rowspan="2">硬，易捏成 1～2 cm 扁平碎块</td></tr>
<tr><td>Ⅱ</td><td>滑面包裹的疏松透镜状，采掘或采样活动易致其剥离</td><td>一组优势节理发育，煤体切割成厚度小于 20 mm 的片状或透镜状</td></tr>
<tr><td colspan="2">碎斑煤</td><td>滑面包裹的团块或透镜状</td><td>紊乱滑面和煤粉</td><td>无节理</td><td>软，手捏成粉</td><td>碎斑结构</td></tr>
<tr><td rowspan="2">脆-韧性系列</td><td rowspan="2">鳞片煤</td><td>Ⅰ</td><td rowspan="2">滑面包裹的疏松团块或透镜状，采掘或采样活动影响易剥离</td><td>参差，尖棱状或片棱状</td><td>0～10 mm 透镜状</td><td>具有一定硬度，易捏成 0～1.5 mm 的碎片</td><td></td></tr>
<tr><td>Ⅱ</td><td>微层理，或显揉皱</td><td>0～10 mm 薄片状或薄透镜状</td><td>软，轻捏成 0～1 mm 的鳞片状，再捏成粉</td><td></td></tr>
<tr><td rowspan="2">韧性系列</td><td colspan="2">揉皱煤</td><td rowspan="2">滑面包裹的团块或透镜状</td><td>揉皱状层理</td><td>无节理</td><td>软，轻捏成粉</td><td>裂隙非常发育</td></tr>
<tr><td colspan="2">揉皱糜棱煤</td><td>揉皱状层理并显紊乱和碎粉状</td><td>无节理</td><td>软，轻捏成粉</td><td>大量纹裂发育并见有糜棱化</td></tr>
</table>

构造煤类型包括脆性系列初碎裂煤、块状碎裂煤、片状碎裂煤和碎斑煤，脆-韧性系列鳞片煤和韧性系列揉皱煤、揉皱糜棱煤。由于采样条件的限制，此次研究未能涉及脆性系列的碎粒煤和碎粉煤。此外，为研究的需要，将块状碎裂煤、片状碎裂煤和鳞片煤进一步分为强度相对较弱和较强的Ⅰ、Ⅱ两个子类。

3.2.1 构造煤宏观及微观特征

不同类型的构造煤结构在手标本和显微尺度上都表现出显著的差异，尤其是脆性与韧性变形系列之间特征尤为显著。

3.2.1.1 初碎裂煤

受构造变动影响最弱的一类构造煤为初碎裂煤，具有块状构造，手标本尺度无滑面发育，断面可见清晰原生结构（图版 1 中的①），节理稀疏发育且不易沿之掰裂，手拭硬，可掰断成大砾块，单砾捏不动。光学显微镜下可见裂隙简单发育（图版 1 中的②）。

3.2.1.2 块状碎裂煤

块状碎裂煤顾名思义是一种节理较为发育，并将煤体分割成块状的一类构造煤。这类构造煤虽为节理切割，有的节理甚为发育，但原生结构仍可见，单砾块仍具有清晰原生结构。依照块状碎裂的程度，将所采得手标本尚完整的记为Ⅰ类，由于过于破碎采出即碎成小砾的记为Ⅱ类。

Ⅰ类块状碎裂煤结构与构造类似于初碎裂煤，具有块状构造，断面可见清晰原生结构（图版 1 中的③），不同的是其为节理或滑面切割（图版 1 中的④），一般大于 40 mm，且节理不少于两组，较为发育，节理面常具有一定的滑动性（图版 1 中的⑤），有的节理较为密集发育（图版 1 中的⑥），且沿节理易掰裂。手拭硬，易掰成大砾块，单砾捏不动。光学显微镜下可见裂隙多呈张性简单发育，不同方向裂隙组合成锯齿状、麻花状、雁列状和错止状等（图版 1 中的⑦、⑧，图版 2 中的①、②），部分裂隙较为发育，呈束状或分叉状组合（图版 2 中的③、④）。

Ⅱ类块状碎裂煤已不具有完整性，应为节理或滑面包裹的疏松块状，易受采样或采掘活动影响而碎成不大于 20 mm 的小砾块状，亦见有稍大砾块保存，但仍易裂成小砾块（图版 2 中的⑤）。节理发育，即使小的砾块断面也可见节理发育，并具有滑动性（图版 2 中的⑥、⑦）。尽管此类构造煤破碎严重，但其原生结构仍得以保存，较大的砾块仍清晰可见（图版 2 中的⑧）。手拭硬，单砾不易捏碎。由于砾块较小无法磨片，故不能进行光学显微镜下观测。

3.2.1.3 片状碎裂煤

片状碎裂煤与块状碎裂煤类似，由一组优势节理切割，形成片状构造，其原生结构亦可见，有的由于节理的密集发育而显模糊。依照碎裂程度，将手标本尚完整的记为Ⅰ类，由于过于破碎采出即碎成片状或透镜状碎块的记为Ⅱ类。

Ⅰ类片状碎裂煤整体为节理或滑面切割的片状（图版3中的①），断面原生结构或清晰或因节理密集而显模糊（图版3中的②）。可见一组优势节理发育，单层厚度一般2～4 mm，且易沿其掰裂。手拭硬，可捏成1～2 cm扁平碎块，光学显微镜下顺节理层面和垂节理层面表现出很大的差异，前者裂隙发育一般，仅表现为较为简单的组合关系（图版3中的③），后者则很发育，表现为较为密集的束状或枝杈状组合（图版3中的④、⑤）。

Ⅱ类片状碎裂煤已不具有完整性，为节理或滑面包裹的疏松块状，易受采样或采掘活动影响而碎成厚度不大于20 mm的片状或透镜状砾块。具有和Ⅰ类片状碎裂煤相似的断面（图版3中的⑥）和手拭特征，节理及节理面的滑动性较Ⅰ类更为发育（图版3中的⑦）。因碎块较小，故不能进行光学显微镜下观测。

3.2.1.4　碎斑煤

碎斑煤属脆性变形系列，在结构、构造和强度上同其他脆性系列构造煤大不相同。其具有滑面包裹的团块状或透镜状构造，滑面极为发育且光滑明亮（图版3中的⑧，图版4中的①），原生结构完全遭到破坏，断面所见到的是紊乱的滑面和碎粉（图版4中的②），节理也因强破碎而消失。手拭软，易捏成粉，光学显微镜下可见碎屑结构，碎斑有的被磨圆（图版4中的③），有的呈棱角状（图版4中的④），无韧性变形和糜棱化现象而区别于揉皱煤和揉皱糜棱煤。

3.2.1.5　鳞片煤

鳞片煤是一种强剪切应变环境下形成的构造煤，已不具有完整性，整体为滑面包裹的团块状或透镜状，滑面极为发育且显光亮（图版4中的⑤），易受采样或采掘活动影响破碎成0～10 mm透镜状或片状，亦见有稍大砾块保存（图版4中的⑥），但仍易裂成小砾块。鳞片煤同样因破碎而无法进行光学显微镜观测。另外，根据煤体的强度还可进一步将其分为两类：Ⅰ类有一定强度，断面呈参差、尖棱状或片棱状（图版4中的⑦、⑧，图版5中的①），原生结构不可见，手拭具有一定的硬度，易捏成0～1.5 mm碎片；Ⅱ类强度低，断面呈微层理状或显褶曲（图版5中的②、③），手拭软，轻捏成0～1 mm鳞片状，再捏成粉。

3.2.1.6　揉皱煤

揉皱煤是韧性变形环境的产物，整体为滑面包裹的团块状或透镜状，滑面极为发育且显光亮（图版5中的④、⑤），原生结构和节理构造遭破坏而消失，断面可见揉皱或眼球状构造（图版5中的⑥、⑦），手拭软，轻捏成粉。光学显微镜下裂隙非常发育，常表现为中小型弯曲紧闭裂隙，呈枝杈状组合，裂隙间煤粒显拉长和弯曲(图版 5 中的⑧,图版 6 中的①),有的因黏土矿物或壳质组分的参与而表现出明显的褶皱或流动性特征(图版 6 中的②、③、④),有的表现为大量紧闭短小纹裂的密集发育(图版 6 中的⑤)。

3.2.1.7 揉皱糜棱煤

揉皱糜棱煤顾名思义是在揉皱基础上发生糜棱变质作用的一类构造煤,其特征同揉皱煤,不过在其基础上增加了糜棱化的特点,即断面除褶曲外还可见紊乱滑面和煤粉(图版 6 中的⑥),包裹煤体的滑面亦呈破碎状(图版 6 中的⑦),光学显微镜下除大量紧闭短小纹裂呈枝杈状发育外(图版 6 中的⑧),还可见部分煤体糜棱化(图版 7 中的①)。

3.2.2 各类型构造煤应力-应变环境分析

基于各类型构造煤手标本及显微镜下结构特征,结合构造煤样产出的构造部位,将形成构造煤的应力-应变环境分为三类:脆性碎裂变形环境、韧性变形环境和剪切变形环境。其中,脆性碎裂变形环境形成脆性系列的初碎裂煤、块状碎裂煤和碎斑煤;韧性变形环境形成韧性系列构造煤;而对于剪切变形环境,相对较弱的剪切应变作用形成脆性系列片状碎裂煤,相对强的剪切变形作用形成脆-韧性系列鳞片煤。

脆性碎裂变形环境是埋深浅、围压低的岩石在挤压或拉张应力作用下产生多组不同方向脆性碎裂变形的一种应力-应变环境。该环境下形成的构造煤,手标本尺度表现为多组节理发育,显微镜下可见到多组裂隙发育,且节理和裂隙的发育程度随脆性碎裂变形的增强而增高,强的脆性碎裂变形可以导致构造煤中节理和裂隙切割的煤砾发生错动,甚至被磨圆形成碎屑结构。脆性系列初碎裂煤、块状碎裂煤Ⅰ、块状碎裂煤Ⅱ和碎斑煤均是在脆性碎裂变形环境下形成的,分别代表了由弱到强的不同变形程度。

剪切变形环境是以定向性剪切作用为主要特征的一种应力-应变环境。该环境下形成的构造煤,手标本和显微镜下表现为一组优势节理或裂隙发育,且节理或裂隙的发育程度随变形的增强而增大,强烈的剪切变形作用可以将煤破碎成层层相叠的鳞片状,兼具脆性和韧性变形的特征。脆性系列片状碎裂煤Ⅰ、片状碎裂煤Ⅱ及脆-韧性系列鳞片煤Ⅰ和鳞片煤Ⅱ都是剪切变形环境下形成的,其变形程度由弱到强逐渐升高。

韧性变形环境是在一定的温压条件下,岩石受挤压或剪切应力作用而发生韧性变形,形成褶曲、流动变形等各种韧性构造的一种应力-应变环境。该环境下形成的构造煤,手标本和显微镜下均可见到各种韧性变形的痕迹,其变形程度的强弱反映了韧性变形环境的强度,强的韧性变形可造成煤体糜棱化。揉皱煤和揉皱糜棱煤是韧性变形的产物。

3.3　实验方案

在实验工作具体实施之前，须根据研究的目标选出典型样品，并设计出具体的实验方案。

3.3.1　实验样品选择

基于本次研究的目标，根据所采样品的宏观和微观特征、样品量及最大镜质组反射率测试结果，并考虑各实验样品用量，以淮北地区为主、淮南和贵州地区为辅，参照涵盖不同变质程度同煤级不同构造煤类型及光亮煤和亮煤优先的选样原则，对100多个煤样进行筛选，共选出具有不同构造变形类型的气煤和焦煤样品各8个、无烟煤7个，共计23个构造煤样，见表3-7。表中煤样分别按照煤级、煤变形类型和程度进行归类排序，同时为实验和分析的方便依照该次序编排实验编号，其中焦煤样全部选自淮北地区，而气煤样和无烟煤样为包括尽可能多构造煤类型分别补加具有深成＋动力变质特征的淮南煤田张北矿HNM07和HNM05两个气煤样，以及具有深成＋动力＋岩浆热变质特征的黔西煤田青龙矿GM21和GM13两个无烟煤样。另外，焦煤样中有两个揉皱煤样，无烟煤样中有两个鳞片煤Ⅱ，前者是因为显微结构差异，SY-15镜下裂隙多为中小型曲裂(图版5中的⑧)，SY-16则表现为大量密集纹裂发育(图版6中的⑤)；后者是因为手标本的差异，SY-21整体呈片状(图版5中的②)，SY-22整体呈透镜状(图版5中的③)，反映其不同的形成机理。

表3-7　实验样品基本情况表

煤级	煤样编号	实验编号	系列	构造煤类型	所属矿井	$R_{o,max}$/%	煤层
气煤	HBM40-2	SY-01	脆性	初碎裂煤	祁南矿	0.89	10
	HNM07	SY-02	脆性	块状碎裂煤Ⅰ	张北矿	0.78	8
	HBM45	SY-03	脆性	块状碎裂煤Ⅱ	祁南矿	0.84	3-2
	HBM54	SY-04	脆性	片状碎裂煤Ⅰ	祁南矿	0.65	3
	HNM05	SY-05	脆性	片状碎裂煤Ⅱ	张北矿	0.69	8
	HBM69	SY-06	脆-韧性	鳞片煤Ⅱ	朱仙庄矿	0.85	8
	HBM59	SY-07	韧性	揉皱煤	朱仙庄矿	0.79	8
	HBM60	SY-08	韧性	揉皱糜棱煤	朱仙庄矿	0.89	8

表 3-7(续)

煤级	煤样编号	实验编号	系列	构造煤类型	所属矿井	$R_{o,max}/\%$	煤层
焦煤	HBM19	SY-09	脆性	块状碎裂煤Ⅰ	海孜矿	1.52	10
	HBM16	SY-10	脆性	块状碎裂煤Ⅱ	海孜矿	1.53	10
	HBM21	SY-11	脆性	片状碎裂煤Ⅰ	海孜矿	1.54	10
	HBM12	SY-12	脆性	片状碎裂煤Ⅱ	涡北矿	1.43	8-2
	HBM17	SY-13	脆性	碎斑煤	海孜矿	1.63	10
	HBM04	SY-14	脆-韧性	鳞片煤Ⅱ	涡北矿	1.35	8-2
	HBM11	SY-15	韧性	揉皱煤	涡北矿	1.40	8-2
	HBM02	SY-16	韧性	揉皱煤	涡北矿	1.34	8
无烟煤	GM25	SY-17	脆性	块状碎裂煤Ⅰ	青龙矿	2.58	16
	HBM30	SY-18	脆性	片状碎裂煤Ⅱ	海孜矿	2.69	8
	GM21	SY-19	脆性	碎斑煤	青龙矿	2.42	16
	HBM78	SY-20	脆-韧性	鳞片煤Ⅰ	石台矿	2.63	3
	HBM37	SY-21	脆-韧性	鳞片煤Ⅱ	海孜矿	2.89	7
	HBM36	SY-22	脆-韧性	鳞片煤Ⅱ	海孜矿	2.96	7
	GM13	SY-23	韧性	揉皱煤	青龙矿	3.05	16

为进行不同类型构造煤结构和瓦斯特性的差异性研究，考虑到不同应力-应变环境下形成的构造煤和同应力-应变环境不同变形程度下形成的构造煤性质变化显著，将本次实验选择的不同变形类型构造煤按所属应力-应变环境的不同变形程度进行表述。

(1) 脆性碎裂变形环境下，将初碎裂煤和块状碎裂煤Ⅰ表述为弱脆性碎裂变形构造煤，块状碎裂煤Ⅱ表述为中等脆性碎裂变形构造煤，碎斑煤表述为强脆性碎裂变形构造煤。

(2) 韧性变形环境下，将揉皱煤表述为弱或较强韧性变形构造煤，揉皱糜棱煤表述为强韧性变形构造煤。由于本次所选样品中有 4 个属于揉皱煤，根据其变形的结构特点，分别以弱或较强韧性变形构造煤加以区分，其中焦煤样 SY-15 为弱韧性变形构造煤，气煤样 SY-07、焦煤样 SY-16 和无烟煤样 SY-23 为较强韧性变形构造煤。

(3) 剪切变形环境下，将片状碎裂煤Ⅰ表述为弱剪切变形构造煤，片状碎裂煤Ⅱ表述为中等剪切变形构造煤，鳞片煤Ⅰ表述为较强剪切变形构造煤，鳞片煤Ⅱ表述为强剪切变形构造煤。

3.3.2　实验方案

这里的实验方案是针对上一部分选出的构造煤样的，之前针对所有样品开展的一些基础的实验，如宏观与微观观测和最大镜质组反射率测试，是进行构造煤类型的确定和实验样品选择的基础。

本次研究所设计的实验共包括四个大的部分：基础分析、物理与分子结构分析、元素赋存特征分析和瓦斯特性测试。图3-7展示了实验的基本步骤和实验内容。实验样品首先根据各个实验的用量进行缩分，对应不同实验的缩分样品经相应的实验前处理后进行实验测试。

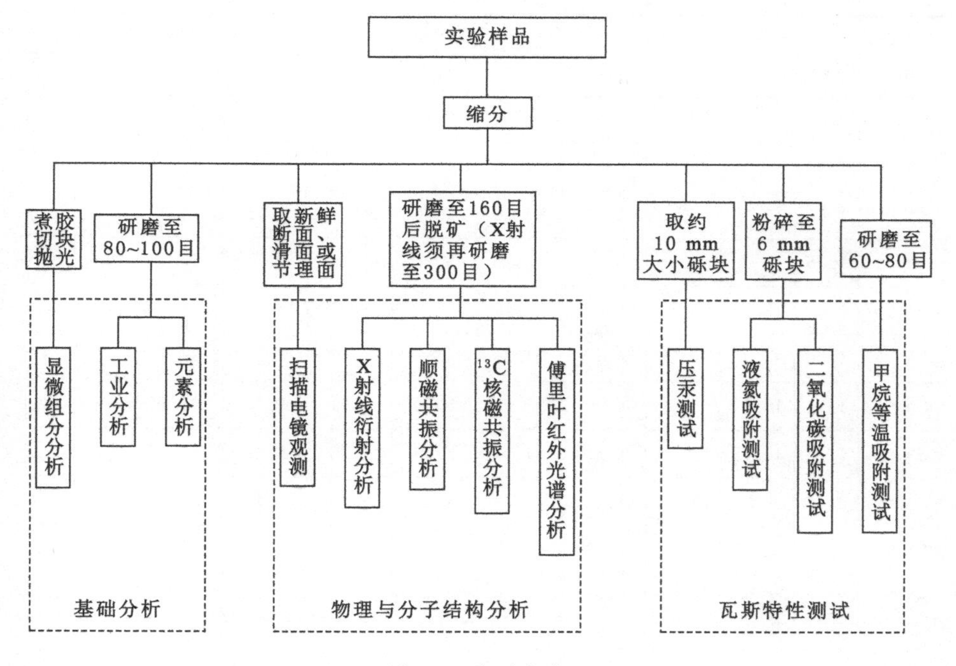

图3-7　实验方案

此外，对于所选出的23个构造煤样品，进行了除^{13}C核磁共振分析、二氧化碳吸附分析和甲烷吸附/解吸测试外的所有实验的全测试，并从焦煤样进一步筛分出SY-09、SY-12、SY-13、SY-14、SY-15、SY-16六个同矿区同煤级和不同构造煤类型煤样，开展^{13}C核磁共振分析、二氧化碳吸附分析，并从这六个煤样中选出SY-09、SY-13、SY-14、SY-15、SY-16五个分属不同变形类型煤样，进行甲烷等温吸附/解吸实验。

3.3.3 基础实验测试

工业元素分析和显微组分分析是煤岩的基础实验测试手段，用以了解煤质及煤岩的类型，为进一步的研究工作奠定基础。本部分将这三个实验的测试数据列出(表 3-8)，以方便后续的实验与研究工作。其中，煤的工业分析法、全硫的测定方法、碳氢的测定方法及氮的测定方法分别参照 GB/T 212—2008、GB/T 214—2007、GB/T 476—2008 和 GB/T 19227—2008 进行测定，煤的显微组分分析则通过光学显微镜下计点统计测得，每个观测面计点不少于 500 个。

表 3-8 实验样品基础测试结果

实验编号	工业分析/%			元素分析/%					显微组分分析/%		
	M_{ad}	A_d	V_{daf}	$S_{t,d}$	C_{daf}	H_{daf}	N_{daf}	O_{daf}	镜	壳	惰
SY-01	0.80	11.35	36.29	0.32	85.33	5.44	1.49	7.38	62.5	13.1	18.1
SY-02	1.10	18.02	46.19	0.22	82.50	6.09	1.23	9.90	87.3	7.40	5.3
SY-03	1.68	13.59	38.92	2.95	82.00	5.46	1.42	7.70	83.0	3.40	2.4
SY-04	1.26	9.69	43.20	0.81	83.20	5.76	1.35	8.79	63.4	26.8	9.6
SY-05	1.89	12.36	38.53	2.48	81.79	5.33	1.37	8.69	53.5	6.7	34.7
SY-06	1.80	6.46	30.57	0.12	84.99	4.83	1.52	8.52	63.9	7.8	26.1
SY-07	1.74	14.39	32.05	0.28	83.95	5.04	1.31	9.37	66.7	4.1	23.4
SY-08	1.86	11.48	32.58	0.30	84.19	5.09	1.43	8.96	71.7	7.3	17.3
SY-09	0.66	6.99	21.33	0.41	89.19	4.57	1.62	4.18	80.0	0.0	8.8
SY-10	0.57	7.87	19.87	0.41	89.80	4.57	1.35	3.82	71.2	0.8	17.9
SY-11	0.70	8.38	20.42	0.42	89.85	4.75	1.43	3.51	72.3	0.0	14.6
SY-12	0.78	23.50	23.82	0.48	86.72	4.93	1.30	6.42	70.8	12.6	12.8
SY-13	0.58	14.87	22.24	0.36	87.19	4.14	1.11	7.14	62.0	0.0	32.5
SY-14	0.74	10.82	23.79	0.54	88.64	4.81	1.49	4.45	71.1	10.2	15.8
SY-15	0.70	18.97	23.25	0.30	87.70	4.92	1.45	5.56	86.3	0.0	9.50
SY-16	0.86	13.27	25.54	0.48	87.86	4.75	1.35	5.49	74.7	0.0	22.0
SY-17	2.24	6.36	6.69	0.71	92.03	3.28	1.42	2.52	93.5	0.0	2.40
SY-18	1.74	8.27	8.94	0.57	91.36	3.71	1.55	2.76	82.7	0.0	17.1

表 3-8(续)

实验编号	工业分析/%			元素分析/%					显微组分分析/%		
	M_{ad}	A_d	V_{daf}	$S_{t,d}$	C_{daf}	H_{daf}	N_{daf}	O_{daf}	镜	壳	惰
SY-19	2.46	6.27	7.30	0.74	91.58	3.23	1.36	3.05	94.6	0.0	3.10
SY-20	1.98	22.07	9.95	0.37	90.01	3.50	1.82	4.20	86.7	10.9	1.80
SY-21	1.86	36.44	10.10	0.45	89.56	3.46	1.30	4.97	83.1	16.7	0.0
SY-22	2.80	21.11	7.59	0.42	91.38	2.99	1.46	3.64	85.9	4.1	4.1
SY-23	1.98	7.10	7.72	0.86	91.28	3.34	1.37	3.09	74.0	0.0	12.7

注：M_{ad}—空气干燥基水分；A_d—干燥基灰分；V_{daf}—干燥无灰基挥发分；$S_{t,d}$—干燥基全硫含量；C_{daf}—干燥无灰基碳含量；H_{daf}—干燥无灰基氢含量；N_{daf}—干燥无灰基氮含量；O_{daf}—干燥无灰基氧含量；镜、壳、惰—镜质组、壳质组和惰质组的简称。

第4章 超微和分子结构

本章从超微和分子层面研究不同耦合变质类型构造煤结构演化。

4.1 超微结构演化

扫描电镜与光学显微镜及其他电子显微分析测试仪器相比，具有样品制备简便快捷、不破坏和损伤样品、观察视域广、图像景深大、放大倍数范围宽且连续可调等优势，对于光学显微镜无法观察的一些现象，如构造面，微米级及更小的孔隙、裂隙等，都可以较方便地进行观察(张慧 等,2003)，是研究构造煤超微结构的有力工具。

4.1.1 样品预处理及实验方法

4.1.1.1 样品预处理

用锤子从较大的样品上取大小约 1 cm 的小块，选相对平整的自然断面、节理面或滑面作为观察面，然后用吸气球吹去观察面上的附着物，再进行镀金膜处理后即可进行扫描电镜观察。

对于每个实验样品，都尽量取出自然断面和节理面或滑面进行观察。

4.1.1.2 测试条件

本次测试在河南理工大学完成，采用日本电子株式会社 JSM-6390LV 新型数字化扫描电镜，高真空模式：3.0 nm，低真空模式：4.0 nm，低真空度：1～270 Pa；样品台：X80 mm，Y40 mm，Z－10°、－90°，R360°；加速电压：0.5～30 kV，束流：1 pA～1 μA；放大倍数：30～300 000 倍。

4.1.2 构造煤超微结构演化

不同变形类型构造煤的差异不仅表现在宏观和微观的结构上，在超微结构上同样存在显著差异。

4.1.2.1 初碎裂煤

此次扫描电镜观测的煤样中只有SY-01属初碎裂煤,分别取断面和节理面进行观察,其断面见有镜质组特征性的贝壳状、阶梯状断口(图版7中的②、③),气孔也有零散发育(图版7中的④、⑤),表面有矿物及煤屑呈堆状附着(图版7中的⑥),矿物多为黏土;节理面整体平整,见有微片状物质充填裂隙(图版7中的⑦)、球状矿物附着(图版7中的⑧),后者可能为化学凝聚作用形成,同时也发现一处可能为划痕(图版8中的①),但即使如此其长度也只有几十微米,说明节理面两侧煤体仅有微小的相对滑动。

4.1.2.2 块状碎裂煤Ⅰ

SY-02、SY-09和SY-17均为块状碎裂煤Ⅰ,分别属低、中、高三个煤级。从观测的结果来看,煤级影响不大,断面均发育有贝壳状和阶梯状断口(图版8中的②、③、④),气孔少量发育,表面有散落状矿物或煤屑附着(图版8中的⑤),其中SY-02见有压扁状胞腔且为矿物充填(图版8中的⑥),同时见少量孢子体发育(图版8中的⑦),SY-09见有丝质组分和球粒状黄铁矿呈带状发育(图版8中的⑧);节理面均显平整,SY-09、SY-17分别见矿物和微片状物质充填孔洞(图版9中的①、②),SY-09表面多发育薄层状方解石(图版9中的③)。

4.1.2.3 块状碎裂煤Ⅱ

SY-03、SY-10为块状碎裂煤Ⅱ,分别属低、中煤级。此类煤超微结构显碎裂,微角砾状发育(图版9中的④),但仍见有贝壳状、阶梯状和眼球状断口(图版9中的⑤、⑥、⑦),节理面多碎屑物质呈堆积状附着(图版9中的⑧,图版10中的①)。其中,SY-03见有内生裂隙(图版10中的②)和较多气孔零散发育(图版9中的⑦)。

4.1.2.4 片状碎裂煤Ⅰ

SY-04、SY-11为片状碎裂煤Ⅰ,分别属低、中煤级。此类煤断面完整,见碎屑堆积状附着(图版10中的③);节理面具有滑动性,可见由滑动产生的碾压痕(图版10中的④)。其中,SY-04可见自形程度高的黏土矿物附着于表面或充填裂隙(图版10中的⑤、⑥),亦见有张剪裂隙发育(图版10中的⑦)。

4.1.2.5 片状碎裂煤Ⅱ

SY-05、SY-12、SY-18为片状碎裂煤Ⅱ,分别属低、中、高三个煤级。此类煤断面参差(图版10中的⑧),仍可见壳状断口(图版11中的①),SY-05见大量自形程度高的八面体状黄铁矿发育(图版11中的②、③),并见由于其脱落而形成的铸模孔(图版11中的④),SY-12表面见有自形程度较好的黏土矿物附着(图版 11 中的⑤)；节理面即为滑面，发育有碾压痕(图版 11 中的⑥)，并见有微片状构造发育(图版 11 中的⑦)。

4.1.2.6 碎斑煤

此次观测的 SY-13、SY-19 为碎斑煤，分别属中、高煤级。此类煤整体破碎，断面参差，表面多纳米和微米级微粒(图版 11 中的⑧，图版 12 中的①、②)，滑面裂隙发育(图版 12 中的③、④)。

4.1.2.7 鳞片煤Ⅰ

SY-20 为鳞片煤Ⅰ，只能取滑面观测。此类煤镜下滑面较为平整，见有微片状构造发育(图版 12 中的⑤)，并见不规则张裂和孔洞发育(图版 12 中的⑥、⑦)。同时，见一处似擦痕(图版 12 中的⑧)。

4.1.2.8 鳞片煤Ⅱ

SY-06、SY-21、SY-22 为鳞片煤Ⅱ，分别对应于低、中、高三个煤级，只能取滑面观测。三个样品滑面均有微片状构造发育(图版 13 中的①、②、③)，且见碾压痕(图版 13 中的④、⑤)。SY-06 见有球状矿物发育(图版 13 中的⑥)，SY-22 见方解石矿物发育(图版 13 中的⑦)。

4.1.2.9 揉皱煤

SY-07、SY-15、SY-16、SY-23 为揉皱煤，分别对应于低、中、高煤级，其中 SY-15、SY-16 属中煤级。前两个样未能取出断面，只观测了滑面，两者表面均发育微片状构造(图版 13 中的⑧，图版 14 中的①)，前者亦见有擦痕(图版 14 中的②)；SY-16、SY-23 属同一种揉皱煤，可取出断面，均显参差、粗糙、破碎(图版 14 中的③、④)，滑面较为平滑，部分显破碎(图版 14 中的⑤)。

4.1.2.10 揉皱糜棱煤

SY-08 是本次观察样品中唯一的揉皱糜棱煤，断面破碎(图版 14 中的⑥)，滑面见大量微片状构造发育(图版 14 中的⑦、⑧)。

综上所述，不同变形类型和程度构造煤的超微结构特征差异明显，就断面特征而言，除鳞片煤不能取出断面观察外，强脆性碎裂变形碎斑煤及韧性变形构造煤与其他脆性碎裂变形和剪切变形构造煤迥然不同，碎斑煤和韧性变形构造煤样的断面表现为参差、粗糙和破碎状，尤其是碎斑煤表面有大量微粒发育，可见构造变形较强，即使如此高的放大倍数结构仍然显得破碎，弱和中等变形程度的脆性碎裂和剪切变形构造煤样的断面则多显完整，块状碎裂煤Ⅱ和片状碎裂煤Ⅱ表面显碎裂状，但这两类煤中仍然可见到贝壳和阶梯状断口。

对于节理与滑面特征，三个现象值得关注，即微碾压痕、微片状构造和微擦痕。对比各构造煤样的节理与滑面超微观结构特征发现，碾压痕仅在片状碎裂煤、鳞片煤中发现，这两种煤均多发育于压剪和强烈压剪的应变环境，由此可将其作为判断应力场性质的指标，并进一步根据微碾压痕的特征判断应力作用的方向；其次为微片状构造，该现象主要见于较发育的滑面，尤其是片状碎裂煤Ⅱ和鳞片煤，对于滑面尚未受破坏的韧性变形构造煤也较为发育，由此可将微片状构造作为判定节理面滑动性的重要指示；对于微擦痕，节理面和滑面均见有发育，可以作为判定应力方向的指示。

4.2　X 射线衍射结构演化

X 射线是一种波长与原子面间距数量级相当的电磁波，当晶体被其照射时，即产生含有晶体结构信息的衍射线，可用以进行晶体研究。另外，芳环作为煤中有机部分的重要组成，随着煤化程度的增高不断堆叠延展，形成翁成敏等(1981)所谓的晶核。

4.2.1　实验方法

最基本的衍射方法有劳厄法、转晶法和粉晶法三种(刘粤惠 等，2003)。现将本次实验用到的粉晶法做简要的介绍。

粉晶法是用单色 X 射线作为入射光源，入射线以固定方向射到粉晶上，靠粉晶中各晶粒取向不同的衍射面满足布拉格方程。由于粉晶含有无数的小晶粒，各晶粒中总有一些面网与入射线的夹角满足衍射条件，这就相当于 θ 是变量。所以，粉晶法是利用多晶样品中各晶粒在空间无规则取向来满足布拉格方程而产生衍射的。

当单色 X 射线照到粉晶样品上时，若其中一个晶粒的一组面网(hkl)取向和入射 X 射线夹角为 θ 时，满足衍射条件，则在衍射角 2θ 处产生衍射[图 4-1(a)]。由于晶粒的取向无规则，因而与入射线夹角为 2θ 的衍射线不只一条，而是顶角为 $2\theta\times2$ 的衍射圆锥面[图 4-1(b)]。晶体中有许多面网组，其衍射线相应地形成许多以样品为中心、入射线为轴、张角不同的衍射圆锥面[图 4-1(c)]，即粉晶 X 射线衍射形成中心角不同的系列衍射锥，通常称这种同心圆锥为德拜环。如果使粉晶衍射仪的探测器以一定的角度绕样品旋转，则可接收到粉晶中不同面网、不同取向的全部衍射线，获得相应的衍射谱。

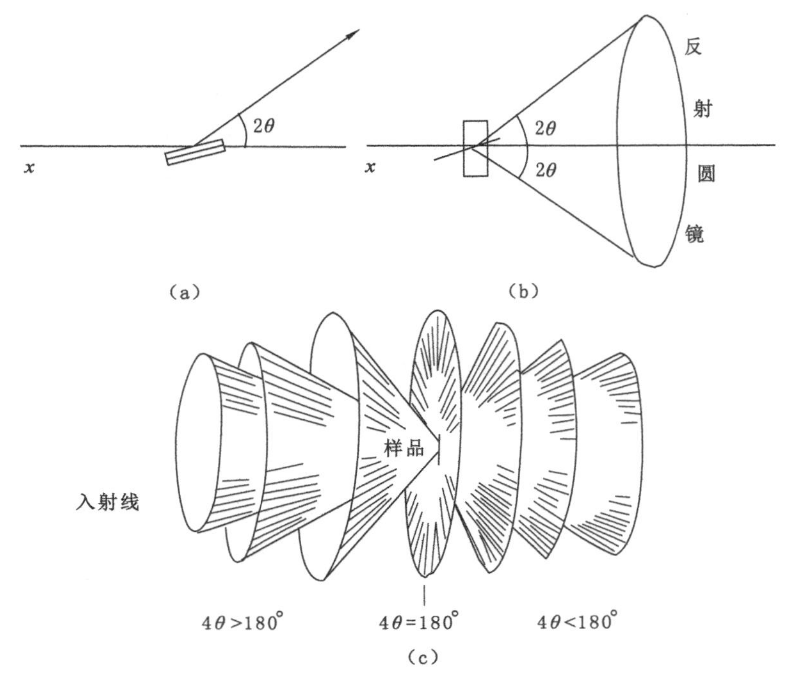

图 4-1 粉晶衍射示意图

4.2.2 XRD 参数计算

不同煤级煤的分子结构具有不同的特征，而且从低煤级到高煤级煤的分子结构呈现规律性变化。研究表明，随着煤级提高，芳环相对增多、增大，脂环和官能团支链相应减小，到无烟煤时则主要由缩聚的芳环组成，到超无烟煤时则会出现类石墨结构（翁成敏 等，1981；Levin et al.，1989；秦勇，1994）。对于高煤级煤的分子结构来讲，煤有机结构的核心部分是由许多芳香碳环缩聚成大分子的芳环层片组成的近似层状结构的雏晶，可称为煤晶核。每一个煤晶核由若干层碳原子网（芳环层）平行堆砌而成，而每一层碳原子网又由若干个以共价键相连的六角芳环组成，如图 4-2 所示（翁成敏 等，1981）。

根据煤样的 X 射线衍射曲线可能获得表征煤晶核大小的延展度（L_a）和堆砌度（L_c）以及面网间距（d）等参数信息，采用的计算公式（翁成敏 等，1981）如下：

$$d_{hkl}=\lambda/(2\sin\theta_{hkl}) \tag{4-1}$$

式中 d_{hkl}——面网间距；

λ——X 射线波长；

θ_{hkl}——衍射峰所对应的 θ 值。

堆砌度(L_c)和延展度(L_a)可由下式求得：

$$L_c = K_c\lambda/[(\Delta\delta_{002}/57.3)\times\cos\theta_{002}] \tag{4-2}$$

$$L_a = K_a\lambda/[(\Delta\delta_{101}/57.3)\times\cos\theta_{101}] \tag{4-3}$$

式中　K_c——常数，取值 0.9；

K_a——常数，取值 1.84；

θ_{002}——衍射峰最大值所对应的衍射角；

$\Delta\delta$——半高宽；

L_c、L_a——堆砌度和延展度，Å。

θ 值可以直接从衍射图上读得，由于(100)峰带与(101)峰带靠得很近，图中难以分辨，故在求 L_a 时，采用统称的(101)衍射峰。半高宽 $\Delta\delta$ 值是在对称的衍射曲线上求得的，取峰高一半的 AB 线为 $\Delta\delta$ 值，如图 4-3 所示。

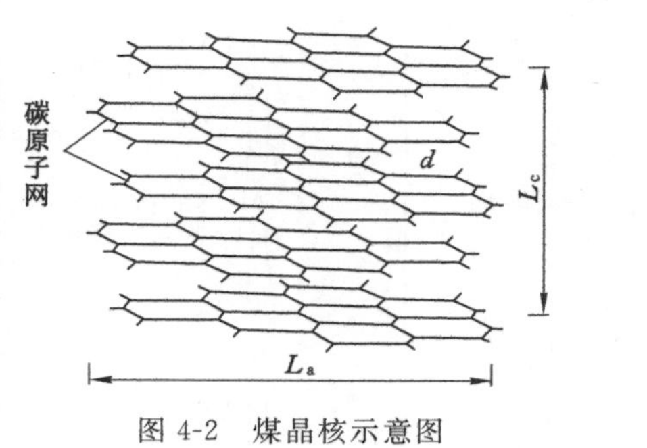

图 4-2　煤晶核示意图

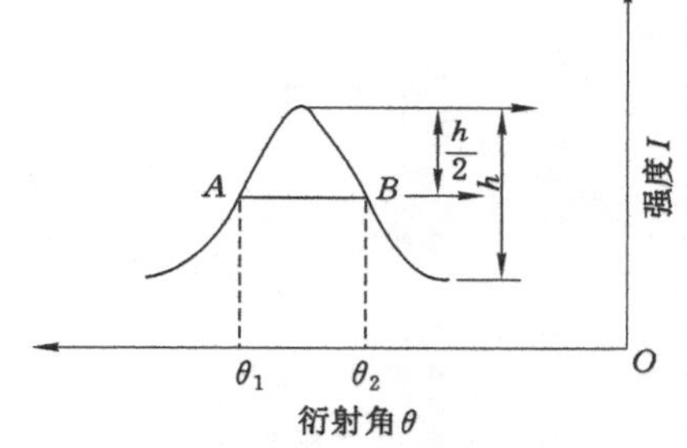

图 4-3　半高宽求解示意图

4.2.3　样品预处理及实验方法

4.2.3.1　样品预处理

煤中往往含有各种各样的无机矿物组分，对煤的测试结果影响很大，分析前必须对样品进行预处理。先在磨样机中磨碎后过 160 目筛。然后进行脱矿处理，将样品粉末置于聚四氟乙烯烧杯中，倒入浓 HF 和 HCl 的混合液浸泡 24 h，并不断用聚四氟乙烯棒搅拌，在水浴中蒸干后，用去离子水冲洗 8～10 次。再将样品放入干燥箱中，在 50 ℃恒温下干燥 48 h(姜波 等，1998)。这样处理的样品可以直接用于电子顺磁共振、核磁共振和红外光谱测试。对于 X 射线衍射实验，须进一步在研钵中研至过 300 目筛。

4.2.3.2　测试条件

本次测试在中国矿业大学分析测试中心完成，仪器为日本理学(Rigaku)公司的 D/Max-3B 型 X 射线衍射仪，Cu 靶，Kα 辐射，石墨弯晶单色器，管压为 35

kV，X射线管电流为30 mA，DS（发散狭缝）和RS（接收狭缝）为1°，SS（防散射狭缝）为0.15 mm，RSM（单色器狭缝）为0.6°。连续扫描，扫描速度为3°/min，采样间隔为0.02°，扫描范围为3°～65°。

4.2.4 构造煤XRD结构演化特征

对23个实验样品的XRD测试结果表明，不同构造变形类型和程度的构造煤的XRD图谱（图4-4）和由以上参数计算方法分析计算获得的XRD结构参数（表4-1）均具有明显规律性。

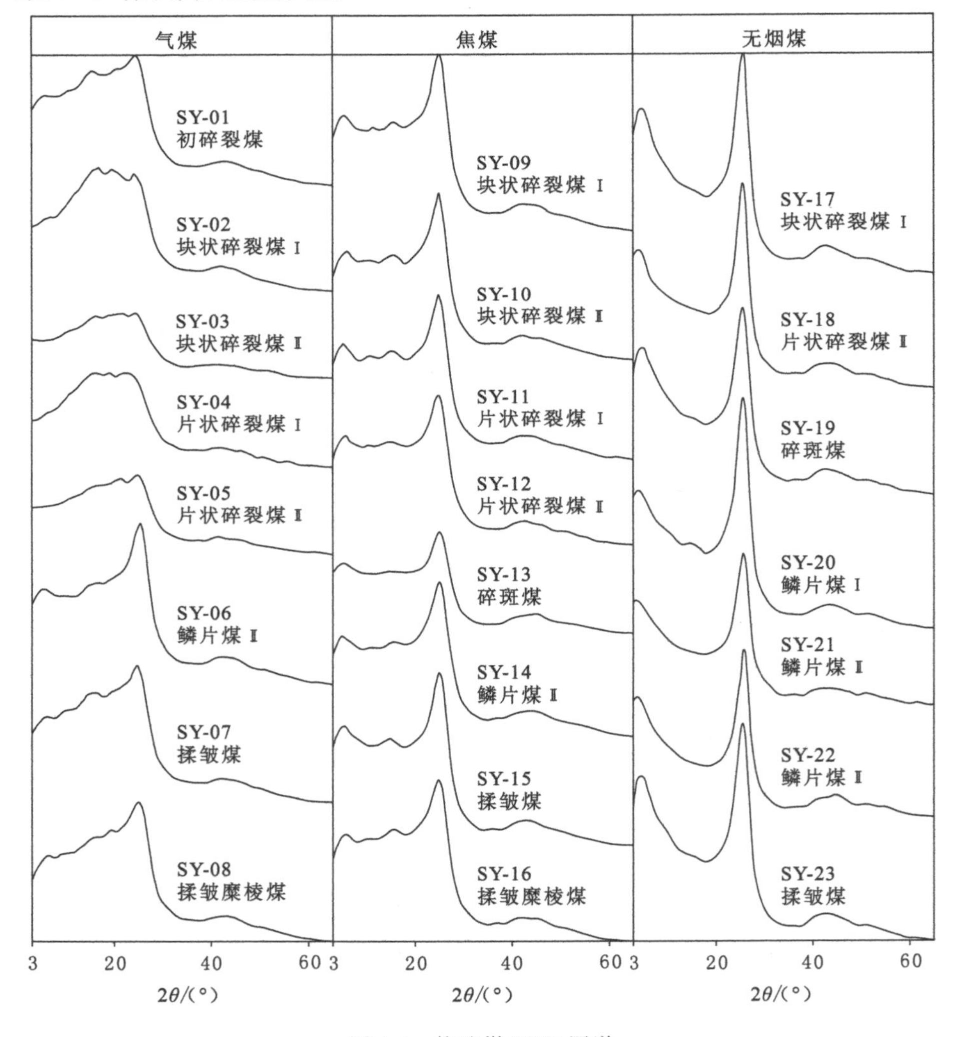

图4-4 构造煤XRD图谱

表 4-1　构造煤 XRD 结构参数计算结果

编号	$R_{o,max}$/%	d_{002}/Å	θ_{002}/(°)	$\Delta\delta_{002}$/(°)	L_c/Å	$\Delta\delta_{101}$/(°)	θ_{101}/(°)	L_a/Å	L_a/L_c
SY-01	0.89	3.610	12.330	2.356	17.274	3.429	21.720	25.512	1.477
SY-02	0.78	3.609	12.335	2.341	17.386	2.667	21.260	32.698	1.881
SY-03	0.84	3.610	12.330	2.096	19.416	5.496	21.860	15.932	0.821
SY-04	0.65	3.690	12.060	2.587	15.714	2.527	21.250	34.512	2.196
SY-05	0.69	3.537	12.590	2.043	19.942	1.521	20.760	57.137	2.865
SY-06	0.85	3.499	12.730	1.705	23.910	4.042	22.050	21.693	0.907
SY-07	0.79	3.579	12.440	2.091	19.466	4.082	22.240	21.509	1.105
SY-08	0.89	3.534	12.600	2.017	20.198	3.484	21.770	25.122	1.244
SY-09	1.52	3.540	12.580	1.727	23.579	4.721	22.340	18.612	0.789
SY-10	1.53	3.571	12.470	1.836	22.172	2.521	21.200	34.579	1.560
SY-11	1.54	3.588	12.410	1.960	20.773	4.206	22.010	20.845	1.003
SY-12	1.43	3.562	12.500	1.865	21.834	2.988	21.520	29.239	1.339
SY-13	1.63	3.554	12.530	2.020	20.164	5.142	22.580	17.117	0.849
SY-14	1.35	3.551	12.540	1.876	21.704	4.257	22.360	20.644	0.951
SY-15	1.4	3.554	12.530	1.845	22.074	3.538	21.740	24.731	1.120
SY-16	1.34	3.568	12.480	1.825	22.312	5.157	22.640	17.077	0.765
SY-17	2.58	3.455	12.896	1.197	34.057	2.710	21.470	32.226	0.946
SY-18	2.69	3.484	12.786	1.275	31.977	4.188	22.020	20.932	0.655
SY-19	2.42	3.480	12.800	1.481	27.525	2.681	21.490	32.574	1.183
SY-20	2.63	3.483	12.790	1.412	28.864	3.547	21.926	24.703	0.856
SY-21	2.89	3.475	12.820	1.389	29.343	4.601	22.090	19.065	0.650
SY-22	2.96	3.453	12.900	1.177	34.638	4.214	22.400	20.860	0.602
SY-23	3.05	3.485	12.780	1.481	27.523	3.876	21.686	22.565	0.820

4.2.4.1　构造煤 XRD 图谱特征

构造煤 XRD 测试数据经过拟合得到的图谱，可以直观地反映不同变质变形类型和程度构造煤的 XRD 结构特征。

整体上，对应于低、中、高三个变质程度的构造煤图谱明显归为三类，气煤所对应图谱(002)峰均显平缓，焦煤所对应的图谱相对尖锐，无烟煤所对应的(002)峰最为尖锐、高峻，反映了变质程度对煤晶核的总体影响趋势，即随着变质程度升高，煤的“结晶”程度逐渐增高，其最终的结构形态为类石墨结构。

就气煤而言，SY-06、SY-07 和 SY-08 分别对应于鳞片煤Ⅱ、揉皱煤和揉皱糜棱煤，尤其是 SY-06 鳞片煤Ⅱ，相对于其他气煤显得尖锐，说明强烈挤压特别是剪切应力环境可以促进煤晶核的生长，同时片状碎裂煤Ⅱ SY-05 属中等剪切变形构造煤，其图谱相对弱剪切变形构造煤及弱和中等脆性碎裂变形构造煤略显尖锐，进一步印证了剪切应力作用可以导致煤晶核生长。

焦煤和无烟煤的 XRD 图谱的(002)峰随煤变形变化不大，只有碎斑煤的(002)峰均显平缓。由此可以推断，构造对煤 XRD 结构的影响主要表现在低煤级(如气煤)上，除形成碎斑煤的构造环境外对中、高煤级的焦煤和无烟煤影响不大，至于碎斑煤对煤晶核生长的抑制作用，可能是由于其所处应力环境多变，致使煤晶核生长停滞甚至遭到破坏的缘故。

此外，图 4-4 所示各实验样品图谱的(100)和(101)峰都重叠在一起不能区分，整体上随着煤级的升高峰形变得更为清晰，同样反映了变质作用对煤晶核生长的促进作用。但对于同一煤级不同构造煤类型的(100)和(101)峰基本不具有差异性。

4.2.4.2 构造煤 XRD 结构参数特征

以上通过图谱直观地分析了构造煤 XRD 的结构演化，本部分将结合反映煤晶核结构特征的具体参数进行定量的研究。结果表明，根据谱图中(002)峰计算得到的面网间距(d_{002})和堆砌度(L_c)与煤化程度和变形类型有较好的相关性(图 4-5、图 4-6)，而基于(101)峰计算得到的延展度(L_a)与 L_a/L_c，随煤化程度和煤变形的变化无明显规律性(表 4-1)，其原因在于(101)峰十分平缓，峰位不易确定，致使计算结果误差较大，以致不能以此揭示煤 XRD 结构演化的规律。

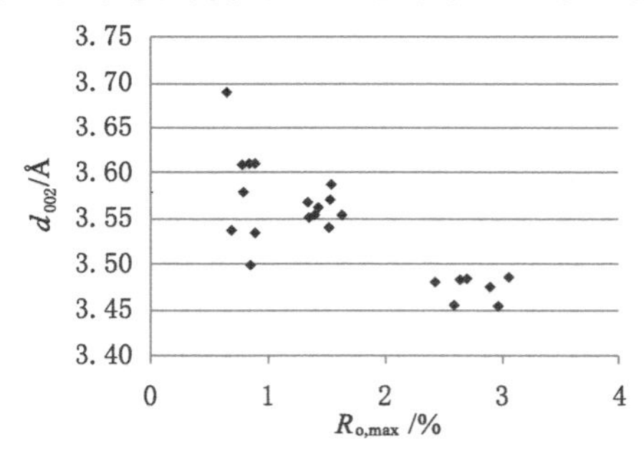

图 4-5 面网间距(d_{002})演化趋势图

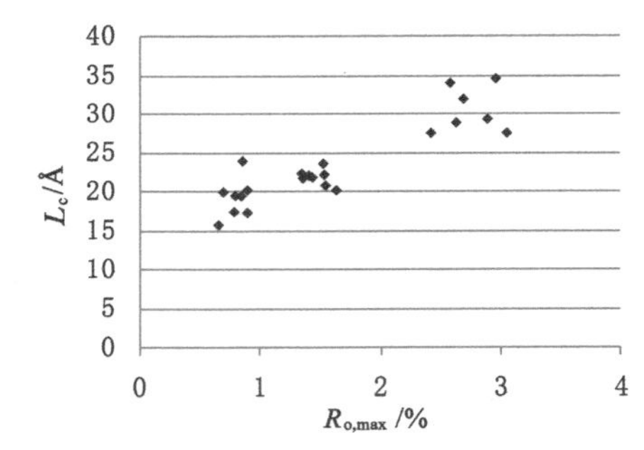

图 4-6 堆砌度(L_c)演化趋势图

(1) 面网间距(d_{002})

面网间距是根据谱图的(002)峰计算得出的，它反映了煤基本结构单元的发育程度，间距越小代表其基本结构单元(煤晶核)的发育程度越好。本书所研究的构造煤样品面网间距演化趋势如图 4-5 所示。整体而言，随着煤级的升高间距逐渐变小，从最大间距 3.690 Å 到最小间距 3.453 Å，表现出与谱图(002)峰变化特征的相似性，即对于不同构造类型煤样，气煤的面网间距变化大，焦煤和无烟煤相对变化较小。

气煤可以 $d_{002}=3.60$ Å 为界可将其分为两组，脆性碎裂变形和弱剪切变形构造煤样均位于界线以上，其中 SY-04 片状碎裂煤Ⅰ面网间距最大，达 3.690 Å，其他煤样的面网间距基本无变化，为 3.609 Å 或 3.610 Å，考虑到 SY-04 的最大镜质组反射率为气煤样中最低值 0.65%，这可能是其面网间距最大的主要原因。由此可知，弱和中等脆性碎裂变形及弱的剪切变形对煤中芳核的面网间距影响不大；界线以下煤样的面网间距变化较大，揉皱煤 SY-07 最大为 3.579 Å，片状碎裂煤Ⅱ SY-05 和揉皱糜棱煤 SY-08 相差不大，分别为 3.537 Å 和3.534 Å，鳞片煤Ⅱ SY-06 最小为 3.499 Å，可见中等和强剪切变形及韧性变形作用对面网间距的影响较大，有利于煤基本结构单元发育，其中强剪切变形作用影响最大，其次为发育揉皱糜棱煤的温压条件较高的应变环境，而温压条件相对较低的韧性变形的影响最弱。

焦煤的面网间距变化不大(图 4-5)，不能明显体现出构造变形作用对煤结构的影响，但如果结合各样品的具体最大镜质组反射率数据，其中仍有规律可循。由上面关于气煤面网间距的分析得到的对面网间距影响较大的片状碎裂煤Ⅱ、鳞片煤Ⅱ、揉皱煤和揉皱糜棱煤，此时的面网间距却相差不大，在 3.551～3.568 Å 范围内变化，反映出构造变形作用对焦煤面网结构影响相对气煤有较大减弱。

无烟煤的面网间距同样变化不大，变化在 3.45～3.50 Å 范围内，其中鳞片煤Ⅱ SY-22 和块状碎裂煤Ⅰ SY-17 基本相等，为最小，其次为鳞片煤Ⅱ SY-21，其他煤样相差不大。除 SY-17 异常低外，其他基本符合以上的推论，即发育鳞片煤的强烈剪切环境最有利于煤基本结构单元发育，但除此外其他不同类型构造煤变化不大，说明构造变形对无烟煤面网间距的影响同样是变弱了。

(2) 堆砌度(L_c)

堆砌度表征了煤中芳香层片的堆砌程度，是反映煤结构有序化程度的又一重要指标，与面网间距相同，也由(002)峰算得。堆砌度整体随变质程度的增大而变大，如图 4-6 所示。

对于气煤样，堆砌度可分成高、中、低三个等级，最高为鳞片煤Ⅱ SY-06，其次为揉皱糜棱煤 SY-08、片状碎裂煤Ⅱ SY-05、揉皱煤 SY-07 和块状碎裂煤Ⅱ SY-03，相差不大，但其大小顺序与构造变形对面网间距的影响程度顺序相吻合，只是后者没有块状碎裂煤；低级对应的堆砌度除片状碎裂煤Ⅰ SY-04 外，其他相差不大,应是由于SY-04变质程度最低而致使其堆砌度偏低。故此,对于气煤样,构造变形对堆砌度的影响类似于面网间距,对堆砌度影响较大的变形煤类型增加了一个块状碎裂煤Ⅱ。

焦煤样的堆砌度相差不大,在20～25 Å范围内变化,最大值为块状碎裂煤ⅠSY-09,其次为揉皱煤SY-16的22.312 Å、块状碎裂煤Ⅱ的22.171 Å和揉皱煤SY-15的22.074 Å,块状碎裂煤Ⅱ反射率明显偏高,说明揉皱变形的影响要强于较高程度的碎裂变形,但仍说明较高碎裂变形的影响在焦煤样中有所提高;接下来是鳞片煤ⅡSY-14的21.704 Å和片状碎裂煤ⅡSY-12的21.834 Å,说明剪切变形对焦煤样堆砌度的影响相对低煤级煤样来说变弱了;碎斑煤SY-13和片状碎裂煤ⅠSY-11的堆砌度最小。总的来说,焦煤样堆砌度随变形程度的变化不大,易受煤化程度的影响。

对于无烟煤来说,构造变形对堆砌度的影响表现为抑制作用,弱脆性碎裂变形块状碎裂煤ⅠSY-17最高,其他变形类型构造煤的堆砌度均有一定程度降低。对堆砌度的抑制作用,韧性变形和强脆性碎裂变形最强,强剪切变形最弱,中等剪切变形的影响居中。

综上所述,构造煤XRD结构特征表现出受煤级和构造变形共同控制的特点,随煤化程度的增高,XRD谱图中(002)峰的波形变得尖锐,煤晶核面网间距变小,堆砌度增大,说明煤的变质程度和煤晶核生长呈正相关关系。构造煤XRD结构受构造变形的影响较为复杂,随煤级的不同和变形环境的不同表现出不同的变化规律。

脆性碎裂变形对各煤级煤XRD结构的影响相类似,弱和中等变形程度脆性碎裂变形无益于煤晶核的生长,而强脆性碎裂变形表现为明显对煤晶核垂向堆砌的抑制作用,但对面网间距缩小影响不大。

韧性变形对煤XRD结构的影响因煤级的不同存在较大差异,低煤级煤的XRD结构参数面网间距和堆砌度随韧性变形的增强分别减小和增大,中、高煤级煤的XRD结构参数面网间距随韧性变形的增强变化不明显,而它们的堆砌度则表现出相反的变化趋势,对应于中、高煤级分别随韧性变形的增强而增大和减小。

剪切变形环境对低、中煤级煤的XRD结构的影响相类似,均表现为对煤晶核生长的促进作用,即面网间距和堆砌度随变形的增强分别呈减小和增大趋势,对高煤级煤不同XRD结构参数的作用存在差异,其中面网间距随剪切变形的增强而减小,堆砌度随变形的增强先减小后有所增加。

4.3　电子顺磁共振结构演化

电子顺磁共振(EPR)波谱学是研究顺磁物质中自由基的一种简便而快捷的方法，它较 X 射线衍射分析更能揭示构造煤深层次的构造信息。

4.3.1　EPR 参数计算

通过对 EPR 能量吸收波谱的解析，可以获得自由基浓度(N_g)、线宽(ΔH)和波谱分裂因子(又称兰德因子 g)三个基本参数，其中包含了煤中有机质不成对电子、化学位置和微化学环境等信息(姜波 等，1998)。

4.3.1.1　自由基浓度(N_g)

自由基通常指的是一个分子或分子的一部分，其正常的化学键被破坏而产生一个未配对电子。自由基浓度代表煤在共振条件下所吸收能量的总和，与样品中不成对电子浓度成正比。由于煤中不成对电子仅在芳香性自由基中才能长期保存，故 N_g 的大小与有机质的芳香化程度有关。N_g 的单位是自由电子数/g(样品质量)或自由电子数/cm^3(样品体积)。其计算方法是在相同测试条件下比较试样和顺磁标样的峰面积。计算公式如下：

$$N_g = \frac{S_x \Delta H_x^2 G_0 \sqrt{P_0} H_{m0}}{S_0 \Delta H_0^2 G_x \sqrt{P_x} H_{mx}} N_0 \times \frac{h}{W_h} \tag{4-4}$$

式中　S_x 和 ΔH_x——未知样品信号的幅度和线宽；
P_x、H_{mx} 和 G_x——未知样品的微波功率、调制和增益；
S_0 和 ΔH_0——标准样品的信号幅度和线宽；
P_0、H_{m0} 和 G_0——标准样品的微波功率、调制和增益；
N_0——标准样品自旋数(为 $3.088\,6 \times 10^{15}$ 自旋数/cm^3)；
h——样品腔有效长度，cm；
W_h——样品有效质量，g。

4.3.1.2　线宽(ΔH)

线宽是指吸收峰的宽度，对应于仪器关闭入射波后电子从自旋激发的高能级回到低能级的时间(即弛豫时间)。煤和干酪根的吸收峰线宽较窄，一般随煤化作用的增强、芳环的缩合程度增高，不配对电子将稳定在高能级上，使弛豫时间延长，吸收峰进一步变窄。

$$\Delta H_x = H_2 - H_1 \tag{4-5}$$

式中　H_2、H_1——一级微商谱线中谷点和峰点处的场强，10^{-4} T。

4.3.1.3 兰德因子(g)

兰德因子决定于外加磁场与电子运动频率发生共振的位置。对于无轨道角动量的电子,g 因子等于自由电子的自旋值 g_e(2.002 3)。煤的 g 因子常高于 g_e 值,这种偏离可以看作由局部磁场所造成的。研究表明,在煤化作用的前期和中期,g 因子呈下降趋势;至煤化作用末期,由于芳香结构极度增大,而造成 g 值重新急剧上升(秦勇,1994)。g 值的大小可通过下式计算获得:

$$g = 0.714\,4\,\frac{f_0}{H_0} = \frac{1.428\,8 f_0}{H_1 + H_2} \tag{4-6}$$

式中　f_0——最大吸收处的磁场频率,Hz。

4.3.2 样品预处理及实验方法

对所选择的 23 个实验样品均进行了 EPR 测试,样品的预处理在 XRD 样品处理部分已进行介绍,此处不再赘述。测试在中国科学院北京生物物理研究所电子顺磁共振室完成。使用仪器为德国布鲁克(Bruker)公司生产的ER-2000-SRC 型顺磁共振波谱仪。测试条件为:微波功率 1 mW,微波频率 9.53 GHz,调制频率 100 kHz,调制幅度 0.5 G,时间常数 200 ms,放大倍数 125、12 500,中心磁场 3 420 G,扫场宽度 200 G,扫描时间 100 s。

4.3.3 构造煤 EPR 结构演化特征

由以上参数计算方法得到的构造煤自由基浓度(N_g)、线宽(ΔH)和兰德因子(g),见表 4-2。

表 4-2　构造煤 EPR 参数计算结果

煤级	实验编号	构造煤类型	$R_{o,max}$/%	N_g /(10^{19} 自旋数/g)	ΔH/G	g
气煤	SY-01	初碎裂煤	0.89	3.261	5.714	1.991 96
	SY-02	块状碎裂煤Ⅰ	0.78	3.530	6.105	1.991 99
	SY-03	块状碎裂煤Ⅱ	0.84	3.775	7.570	1.992 02
	SY-04	片状碎裂煤Ⅰ	0.65	3.176	7.375	1.992 05
	SY-05	片状碎裂煤Ⅱ	0.69	3.823	6.007	1.991 93
	SY-06	鳞片煤Ⅱ	0.85	4.410	4.982	1.991 92
	SY-07	揉皱煤	0.79	5.305	5.958	1.991 83
	SY-08	揉皱糜棱煤	0.89	3.233	5.714	1.991 82

表 4-2(续)

煤级	实验编号	构造煤类型	$R_{o,max}$/%	N_g /(10^{19} 自旋数/g)	ΔH/G	g
焦煤	SY-09	块状碎裂煤Ⅰ	1.52	3.425	4.737	1.991 91
	SY-10	块状碎裂煤Ⅱ	1.53	3.663	5.226	1.991 68
	SY-11	片状碎裂煤Ⅰ	1.54	4.779	5.421	1.991 74
	SY-12	片状碎裂煤Ⅱ	1.43	5.478	6.105	1.991 56
	SY-13	碎斑煤	1.63	4.517	5.910	1.991 51
	SY-14	鳞片煤Ⅱ	1.35	4.783	5.226	1.991 39
	SY-15	揉皱煤	1.40	4.845	5.470	1.992 03
	SY-16	揉皱煤	1.34	3.832	5.617	1.992 05
无烟煤	SY-17	块状碎裂煤Ⅰ	2.58	5.852	4.689	1.992 01
	SY-18	片状碎裂煤Ⅱ	2.69	5.517	5.177	1.991 81
	SY-19	碎斑煤	2.42	4.866	4.298	1.992 09
	SY-20	鳞片煤Ⅰ	2.63	3.903	4.103	1.992 09
	SY-21	鳞片煤Ⅱ	2.89	2.689	5.519	1.991 99
	SY-22	鳞片煤Ⅱ	2.96	2.338	6.349	1.992 06
	SY-23	揉皱煤	3.05	4.760	5.079	1.992 03

4.3.3.1　自由基浓度(N_g)

自由基浓度反映了物质中不成对电子的多少，对于煤来说不成对电子仅在芳香性自由基中可以长期保存，所以煤的自由基浓度的多少在一定程度上说明了其芳香化程度的高低，样品自由基浓度随着煤化程度的增大呈缓慢上升趋势(图 4-7)，表明构造煤也具有类似的变化规律。同时，图中三个煤级的构造煤样的自由基浓度变化均较大，表明构造变形作用的影响较大。

气煤样，除揉皱糜棱煤 SY-08 外，各变形环境下形成的构造煤样的自由基浓度均表现为随变形的增强而增高，脆性碎裂变形初碎裂煤、块状碎裂煤Ⅰ和块状碎裂煤Ⅱ的自由基浓度(10^{19} 自旋数/g)分别为 3.261、3.530 和 3.775；剪切变形片状碎裂煤Ⅰ、片状碎裂煤Ⅱ和鳞片煤Ⅱ的自由基浓度(10^{19} 自旋数/g)分别为 3.176、3.823 和 4.410；较强韧性变形揉皱煤的自由基浓度为 5.305×10^{19} 自旋数/g，韧性变形作用的进一步增强导致自由基浓度降低为 3.233×10^{19} 自旋数/g。可见，对于低变质程度煤，总体而言构造变形作用的强度与自由基浓度的增长呈正相关关系，且不同变形环境的影响程度依次为：韧性变形＞剪切变形＞弱和中等脆性碎裂变形；至于 SY-08 虽为变形最强烈的构造煤，其自由基浓度却最低，原因与其发育的环境有关，形成揉皱糜棱煤除需要强烈的挤压或剪切作用外，还要有较高的温压条件，前者引起化学键断裂造成自由基浓度的增高，而后者却有利于化学键的生成，两个因素的综合作用最终后者占了主导，从而导致揉皱糜棱煤变形虽强但自由基浓度反而最低。

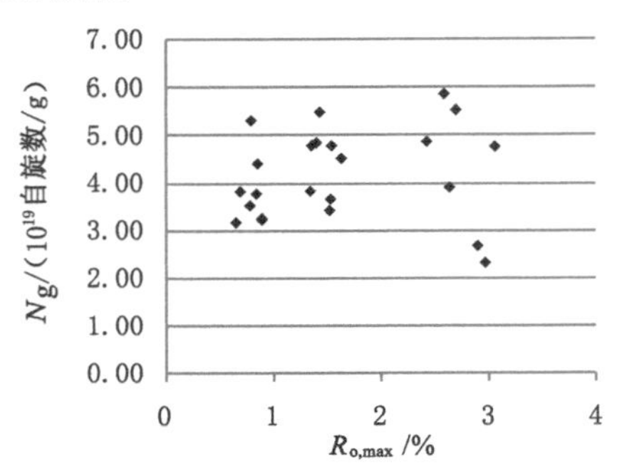

图 4-7　自由基浓度（N_g）演化趋势图

焦煤样的自由基浓度总体上也表现出与变形程度的正相关性，如由块状碎裂煤Ⅰ SY-09 的 3.425×10^{19} 自旋数/g 增大到块状碎裂煤Ⅱ SY-10 的 3.663×10^{19} 自旋数/g，再到碎斑煤 SY-13 的 4.517×10^{19} 自旋数/g 和揉皱煤 SY-15 的 4.845×10^{19} 自旋数/g，但韧性变形较强的揉皱煤 SY-16 的自由基浓度却有所减少，为 3.832×10^{19} 自旋数/g；剪切作用环境下构造煤自由基浓度随变形程度显示出同样的变化规律，片状碎裂煤的自由基浓度由 4.779×10^{19} 自旋数/g 增大到 5.478×10^{19} 自旋数/g，到鳞片煤却有所减少，为 4.783×10^{19} 自旋数/g，总体上要高于弱变形程度构造煤类型。这说明对于焦煤样来说，构造变形对不成对电子的增加依然是促进作用，且剪切应变作用更有利于不成对电子的生成，但较强的韧性变形和强的剪切变形作用反而会导致不成对电子重新成键。

无烟煤的自由基浓度与构造变形程度表现为完全的负相关，由大到小依次为：块状碎裂煤Ⅰ＞片状碎裂煤Ⅱ＞碎斑煤＞揉皱煤＞鳞片煤Ⅰ＞鳞片煤Ⅱ SY-21＞鳞片煤Ⅱ SY-22。可见对于高煤级而言，构造变形对不成对电子重新成键具有促进作用，尤其是剪切应变作用。

综上所述，构造变形作用对不同煤级煤中的自由基浓度的影响迥异，其原因可归结于不同煤化程度煤分子结构的不同。曹代勇等(2002)指出，低、中煤级阶段煤含氧官能团、侧链、桥键、氢键较多，结构比较松散，煤体基本结构单元(煤晶核)中叠合的芳香层片较少，芳香层定向性差。所以对于处于低、中煤级的气煤和焦煤来说，尤其是变质程度较低的气煤，由于结构松散、煤体结构中侧链与各种官能团较多，容易因构造变形而断裂，导致大量的不成对电子生成，然而强及较强的应力作用尤其是对于煤晶核相对较为发育的焦煤来说，会使煤体中已有的芳香层片与前期断裂的支侧链重排，有序化增加，从而有利于不成对电子的重新成键，最终导致自由基浓度减少。随着煤化程度的增大，到无烟煤阶段，煤晶核已很发育，芳香层的有序化程度也已较高，所以应力作用在造成断键的同时更促进了不成对电子的重组键合，从而导致自由基浓度的降低。

4.3.3.2　线宽(ΔH)

构造煤的线宽整体而言随煤化程度增高呈缓慢变窄趋势，如图 4-8 所示。

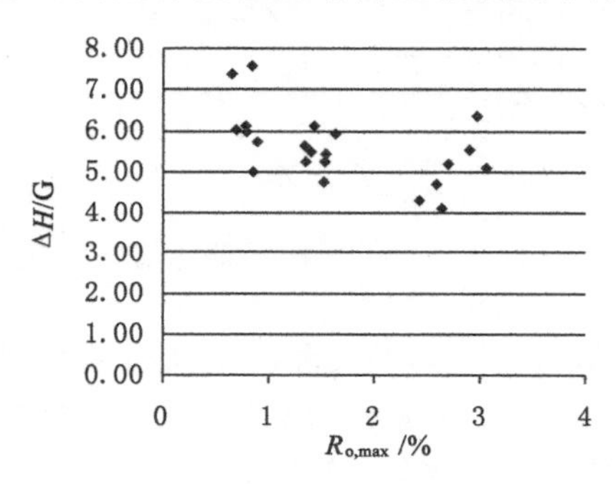

图 4-8　线宽(ΔH)演化趋势图

气煤总体表现为随着变形程度的增高线宽变窄，弱和中等变形程度的脆性碎裂变形和剪切变形构造煤样的线宽(5.714～7.570 G)整体大于强剪切变形煤样和韧性变形构造煤样(4.982～5.958 G)，同时不同的变形环境之间表现出不同的影响。其中，剪切变形构造煤样与总体规律一致，随着变形程度增加，线宽由 7.375 G 减小至 6.007 G 和 4.982 G，而脆性碎裂变形构造煤样却表现为相反的变化趋势，线宽随破碎程度的增加而变宽；对于韧性变形构造煤样，线宽随变形程度的增强而变窄。

焦煤总体的规律与气煤相近，即弱和中等变形程度的脆性碎裂变形和剪切变形构造煤样的线宽较强剪切变形和韧性变形构造煤样宽。就脆性碎裂和韧性变形构造煤样而言，线宽随变形程度的增高而变宽，剪切变形构造煤样的线宽则表现为由弱变形到中等变形程度的明显变宽和至强剪切变形的明显变窄。

无烟煤样的线宽总体表现为：剪切变形煤样＞韧性变形煤样＞脆性碎裂变形煤样。其中，脆性碎裂和韧性变形构造煤样的线宽均表现为随变形增加而变宽，剪切变形构造煤样表现为先减后增的变化规律，即中等和强变形程度煤样的线宽高于较强剪切变形煤样。

4.3.3.3 兰德因子(g)

样品兰德因子总体上随着煤化程度的增高先下降后上升(图 4-9),与前人研究成果相吻合。

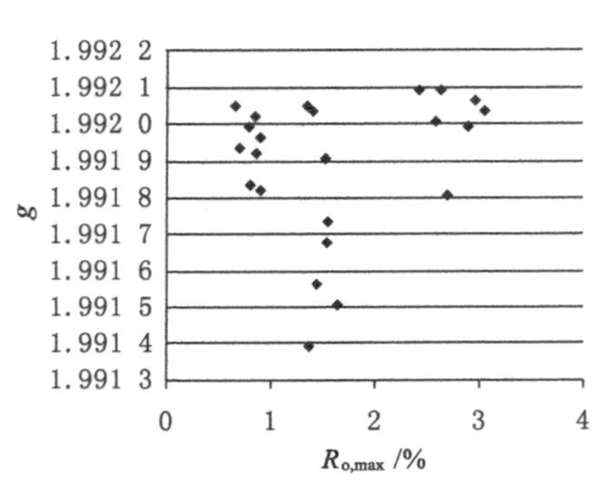

图 4-9　兰德因子(g)演化趋势图

就气煤而言,整体表现为随变形程度的增高而减小,即:弱和中等变形程度脆性碎裂变形和剪切变形煤样＞强剪切变形煤样＞韧性变形煤样。其中,脆性碎裂变形煤样的兰德因子随变形程度的增高而增大,剪切变形和韧性变形构造煤样均表现为随变形程度增高而减小,且强剪切变形和韧性变形所导致的兰德因子的增量均十分微小。

焦煤样的兰德因子受不同应力-应变环境的影响存在差异,其中脆性碎裂变形和剪切变形均导致兰德因子减小,韧性变形则对兰德因子的增加起促进作用。

无烟煤样的兰德因子,总体显杂乱,但仍可看出不同变形环境形成的构造煤样的兰德因子随变形程度增高而增大。

综上所述,构造煤的 EPR 参数与煤级和构造变形均具有较好的相关性,自由基浓度随煤化程度的增高具有缓慢增大的趋势,线宽则表现为明显变窄,兰德因子表现为先减小后增加的变化规律。构造变形的影响较为复杂,不同煤级各 EPR 参数的变化随变形环境类型的不同而不同。

脆性碎裂变形对自由基浓度的影响,低、中煤级煤表现为随变形程度增高而增加,且强脆性碎裂变形可以致使自由基浓度的大幅增加,高煤级煤表现为随变形程度增高而明显减小;对线宽的影响,低、中煤级煤表现为随变形程度增高而变宽,高煤级煤的线宽则呈现出小幅变窄的变化趋势;对兰德因子的影响,低、中煤级煤随变形程度增强分别表现为增加和减小的变化规律,高煤级煤的兰德因子随变形增强变化不明显。

韧性变形对自由基浓度的影响,低、中煤级煤表现出类似的变化趋势,均随变形程度的增高先大幅增加后大幅减小，高煤级煤的自由基浓度则随变形程度的增高而减小；对线宽的影响，低煤级煤表现为随变形程度增高而变窄，中、高煤级煤均表现为变宽的变化趋势；对兰德因子的影响，低煤级煤表现为中等变形程度的大幅减小，而变形程度的进一步增高却影响不大，中煤级煤表现为随变形程度增高而增大，高煤级煤的兰德因子随变形程度增高变化不明显。

剪切变形对自由基浓度的影响，低煤级煤表现为随变形程度增高而增加，中煤级表现为先大幅增加后小幅减小，高煤级煤表现为随变形程度增高而明显减小；对线宽的影响，低煤级煤表现为随变形程度增高而变窄，中煤级煤表现为先变宽后小幅变窄，高煤级煤表现为变宽的变化趋势；对兰德因子的影响，低煤级煤表现为随变形程度增高先增加后减小的变化规律，中煤级煤表现为随变形程度增高而减小，高煤级煤随变形程度增高变化不明显。

4.4　核磁共振结构演化

核磁共振(NMR)以其可以直接获取谱图与数据、分析中不破坏样品及可以提供碳氢氧等官能团的定量或半定量结构信息的优点，在固体化石能源(煤、干酪根等)分析研究中得以广泛应用，但对构造煤的研究起步很晚(姜波 等，1998)，尤其是同煤级不同变形类型构造煤的 NMR 研究更是鲜有报道。

4.4.1　煤^{13}C NMR 谱参数计算

煤结构的复杂性和固体核磁技术的特性，使煤的^{13}C NMR 谱的分辨能力受到限制，一般在常规谱的 0～220 ppm(10^{-6})范围内仅呈现两个峰群，而不是在某一特定的化学位移值处出现一个尖锐的峰。为了获得更多有关煤结构组成的信息，现已广泛采用计算机进行谱的拟合与峰的解叠(黄第藩，1995)。利用模拟分峰程序对煤^{13}C NMR 谱进行模拟的结果如图 4-10 所示，大致可分出6～10个峰，其化学位移对应于表 4-3 所列的各种碳的官能团。同时，分峰模拟还能得到各种官能团的相对含量，计算的方法及各官能团的特征(琚宜文，2003)如下：

(1) 芳族碳结构参数是煤的^{13}C 核磁共振主要结构参数之一，也是表征煤的芳香性变化的重要参数，它是芳碳共振强度与总的信号强度之比，通常记为芳碳率(f_a)。它是根据^{13}C CP/MAS＋TOSS 谱上 100～164 ppm 吸收强度的积分与 0～220 ppm 段吸收强度的积分的比值而确定的，因而芳碳率为带质子碳与桥接芳碳、侧支芳碳和氧接芳碳相对含量之和。

(2) 带质子芳碳(f_a^H)和桥接芳碳(f_a^B)是根据它们在 0～220 ppm 段吸收强

度的积分与芳碳吸收强度的积分比例而求得的。

(3) 侧支芳碳(f_a^S)与氧接芳碳(f_a^O)是根据各自吸收强度的积分在 0～220 ppm 段吸收强度的积分比例而求得的。

(4) 脂碳率(f_{al})是根据^{13}C CP/MAS＋TOSS 谱上 0～90 ppm 处吸收强度的积分与 0～220 ppm 段吸收强度的积分的比值而确定的。

(5) 脂甲基碳(f_{al}^a)、芳甲基碳(f_{al}^3)、亚甲基碳(f_{al}^2)、次甲基碳(f_{al}^1)与季碳(f_{al}^*)、氧接脂碳(f_{al}^O)参数的计算是根据各自的吸收强度的积分与 0～220 ppm 段吸收强度的积分而求得的,这些参数之和即为脂碳率。

(6) 羧基碳(f_a^{COOR})、羰基碳($f_a^{C=O}$)参数的计算是根据各自的吸收强度的积分与 0～220 ppm 段吸收强度的积分而求得的。

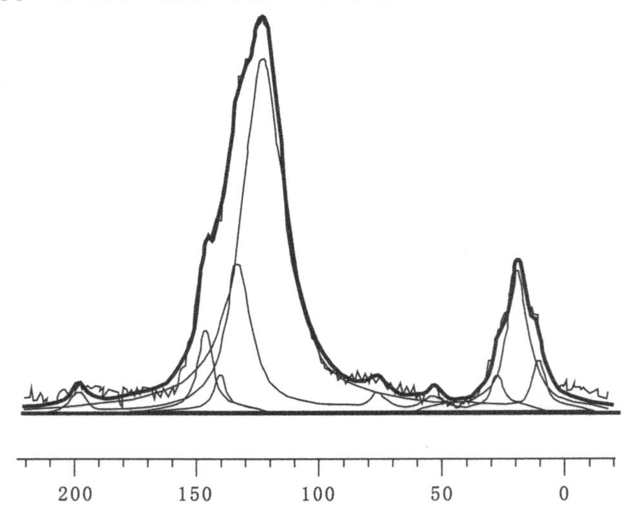

图 4-10 煤^{13}C NMR 谱分峰模拟图

表 4-3 煤^{13}C NMR 谱的化学位移归属

化学位移/ppm	主要归属	化学位移/ppm	主要归属
14～16	终端甲基	100～129	带质子芳碳
16～22	环上甲基	129～137	桥接芳碳
22～36	亚甲基、次甲基	137～148	烷基取代碳(侧支芳碳)
36～50	季碳、芳环上的 a 位碳	148～164	氧基取代芳碳(酚基、醚基等)
50～56	甲氧基	164～188	羧基碳
56～75	与氧相接的脂碳	188～220	羰基碳
75～100	碳水化合物环内与氧相接的碳		

4.4.2　样品预处理及实验方法

从所选择的 23 个实验样品中进一步筛选出 6 个不同变形类型焦煤样进行了^{13}C NMR 测试，见表 4-4。

表 4-4　研究区实验样品基本情况表

煤级	煤样编号	实验编号	系列	构造煤类型	所属矿井	$R_{o,max}/\%$	煤层
焦煤	HBM19	SY-09	脆性	块状碎裂煤Ⅰ	海孜矿	1.52	10
	HBM12	SY-12	脆性	片状碎裂煤Ⅱ	涡北矿	1.43	8-2
	HBM17	SY-13	脆性	碎斑煤	海孜矿	1.63	10
	HBM04	SY-14	脆-韧性	鳞片煤Ⅱ	涡北矿	1.35	8-2
	HBM11	SY-15	韧性	揉皱煤	涡北矿	1.40	8-2
	HBM02	SY-16	韧性	揉皱煤	涡北矿	1.34	8

样品的预处理与 EPR 相同，不再重述。样品测试在中国科学院北京化学研究所完成，使用美国维易科（Veeco）公司生产的 AvanceⅢ 400 型核磁共振波谱仪。实验过程中，采用交叉极化（CP）、魔角旋转（MAS）与边带抑制（TOSS）等^{13}C NMR 技术进行煤结构及其演化特征的研究。实验条件：照射^{13}C 的射频场强均为 64 kHz，转子工作转速为 4 kHz，大功率去耦质子道的频率为 400.119 MHz，交叉极化接触时间为 1.0 ms，重复延迟时间为 2 s，数据采集 1 024 次，累加次数为 500 次。旋转边带全抑制技术采用 Dixon（迪克森）的 TOSS 回波程序的 4 个 180°脉冲，使芳碳原子的各旋转边带回聚于各向同性峰。整个采样谱宽为 50 kHz（琚宜文，2003）。

4.4.3　^{13}C NMR 结构演化特征

基于以上的 NMR 参数计算方法，对 6 个焦煤样的^{13}C NMR（CP/MAS＋TOSS）谱进行分峰模拟和数据处理，获得构造煤中各碳官能团的相对百分含量（表 4-5），其中由于带质子芳碳和桥接芳碳所对应的峰重叠较为严重而不能用分峰模拟程序分开，故将其算为一个指标，记为 $f_a^{H,B}$。同样的原因，芳甲基碳和脂甲基碳算为一个指标，记为 $f_{al}^{a,3}$，季碳、次甲基碳和亚甲基碳被算作一个指标，记为 $f_{al}^{*,1,2}$。以下将分别阐述各 NMR 结构参数的演化特征。

表 4-5 构造煤 NMR 参数计算结果

编号	f_a	$f_a^{H,B}$	f_a^S	f_a^O	f_a^{COOR}	$f_a^{C=O}$	f_{al}	$f_{al}^{a,3}$	$f_{al}^{*,1,2}$	f_{al}^O
SY-09	64.45	57.93	4.33	2.19	3.29	1.04	31.23	9.74	17.27	4.22
SY-12	65.85	54.93	8.83	2.09	4.77	1.26	28.12	9.13	11.37	7.62
SY-13	69.22	58.65	8.62	1.95	3.06	1.00	25.90	7.35	12.96	5.59
SY-14	64.07	55.36	6.43	2.28	3.23	1.02	29.07	5.47	16.39	7.21
SY-15	65.44	56.73	6.37	2.34	3.02	0.72	27.66	5.96	14.94	6.76
SY-16	65.41	55.74	6.79	2.88	2.97	0.49	27.46	5.59	16.20	5.67

注:表中各结构类型含量均为百分比。

4.4.3.1 芳族

芳碳率为煤中芳香结构中碳的相对含量,是表征煤芳香化程度的重要指标之一。在中煤级烟煤至中煤级无烟煤阶段,随最大镜质组反射率增大迅速增加(姜波 等,1998)。本次研究表明,构造煤芳碳率的变化受镜质组最大反射率和变形程度共同控制。除块状碎裂煤Ⅰ SY-09 外,随着镜质组反射率的增高而增高,SY-09 虽具有较高的反射率,但由于其变形程度较低,而致使其芳碳率小于反射率较低的高变形程度煤样,同时反射率相差不大的鳞片煤Ⅱ SY-14 和揉皱煤 SY-16 芳碳率随变形程度的增高明显增大,由 64.07%增大到 65.41%。可见,煤的芳碳率总体上受最大镜质组反射率的控制,同时受煤变形程度的影响,高的变形程度进一步提高了煤的芳碳率,如图 4-11 所示。

$f_a^{H,B}$ 是芳碳类的重要组成部分,能够反映煤芳构化和芳香稠环增大的程度(琚宜文,2003)。除片状碎裂煤Ⅱ SY-12 外,其他样品的 $f_a^{H,B}$ 明显受镜质组反射率的影响,随反射率增大而增大,如图 4-12 所示。中等剪切变形构造煤 SY-12 的异常表现为具有比弱韧性变形和强剪切变形煤样高的反射率,但 $f_a^{H,B}$ 却较低,说明韧性变形和强的剪切变形作用能够明显促进煤芳构化和芳香稠环化的进程。

焦煤样的烷基取代芳碳随反射率的变化不明显(图 4-13),而表现出与构造变形较好的相关性,强脆性碎裂变形和中等剪切变形煤样烷基取代芳碳值均大于 8%,而强剪切变形和韧性变形煤样则都小于 7%,说明强烈的剪切应变环境和韧性应变环境有助于侧支芳碳的脱落,而强的脆性碎裂变形的影响不大。此外,弱脆性碎裂变形煤样的烷基取代芳碳值在所测焦煤样中最低,表明中等变形程度的剪切变形和强的脆性碎裂变形促进烷基在芳环上的取代,随着应力的进一步增强,强剪和韧性变形环境则促使烷基脱落。

样品氧接芳碳总体与最大镜质组反射率呈明显的负相关性,其中片状碎裂

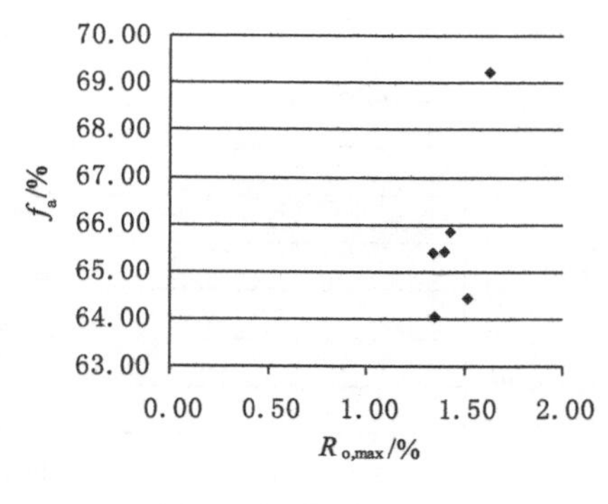

图 4-11　芳碳率(f_a)演化趋势图

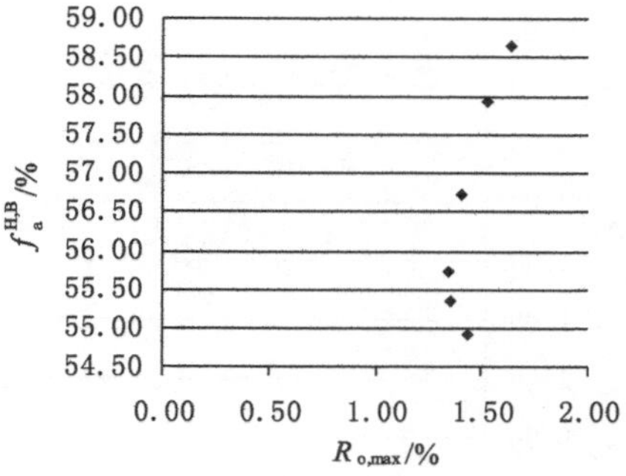

图 4-12　带质子和桥接芳碳($f_a^{H,B}$)演化趋势图

煤Ⅱ SY-12 和鳞片煤Ⅱ SY-14 存在异常,均表现为同反射率值与其相邻且较大的样品相比,本该具有较大的氧接芳碳,却都较小,如图 4-14 所示。其原因应为剪切应力作用可致使氧官能团的脱落。

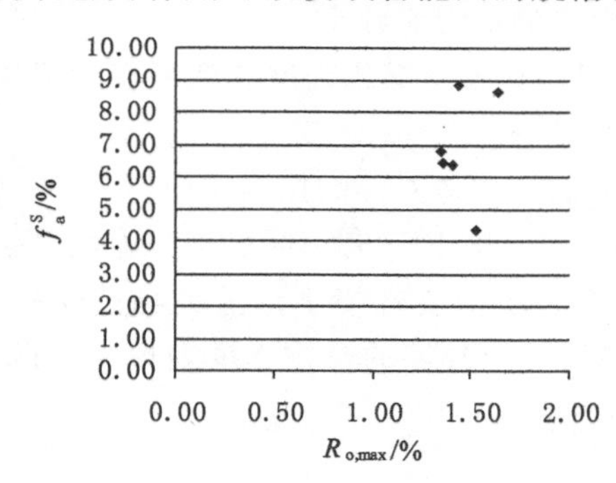

图 4-13　烷基取代芳碳(f_a^S)演化趋势图

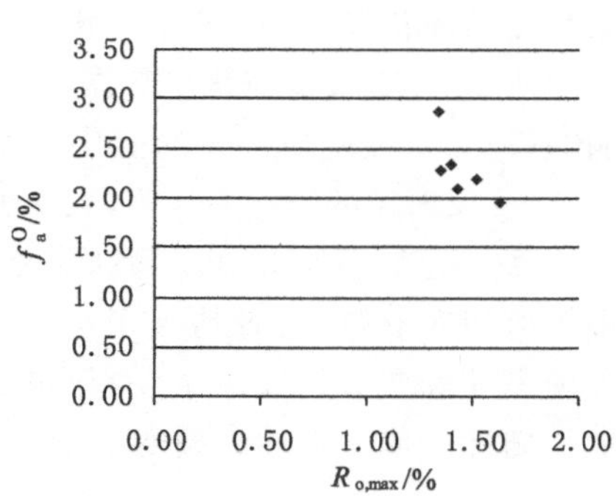

图 4-14　氧接芳碳(f_a^O)演化趋势图

4.4.3.2　羧基碳与羰基碳

由羧基碳与羰基碳的演化趋势图(图 4-15 和图 4-16)很难看出两者的关联,但通过对表 4-5 中相应数据的详细比对发现,它们具有一致的变化序列,即:揉皱煤 SY-16＜揉皱煤 SY-15＜碎斑煤 SY-13＜鳞片煤Ⅱ SY-14＜块状碎裂煤Ⅰ SY-09＜片状碎裂煤Ⅱ SY-12,说明韧性变形和强脆性碎裂变形作用有助于羧基和羰基的脱落,同时中等变形程度的剪切作用则能大大促进羧基和羰基的取代,如羧基碳和羰基碳分别由块状碎裂煤Ⅰ的 3.29%和 1.04%增大到片状碎裂煤Ⅱ的 4.77%和 1.26%,但当剪切作用进一步增强时,羧基与羰基又重新遭到破坏而脱落,如鳞片煤Ⅱ的羧基碳和羰基碳又减少到 3.23%和 1.02%。

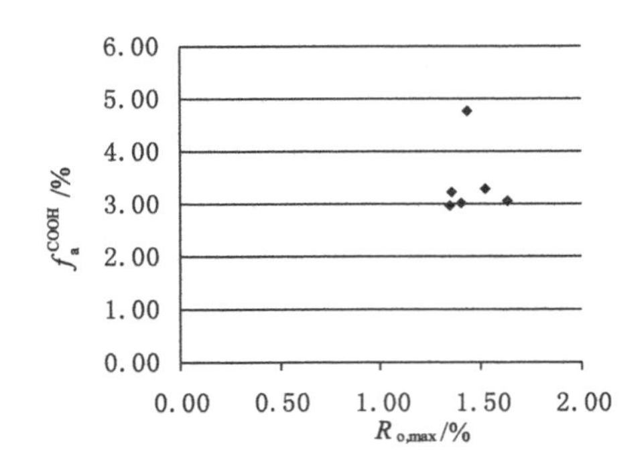

图 4-15 羧基碳(f_a^{COOH})演化趋势图

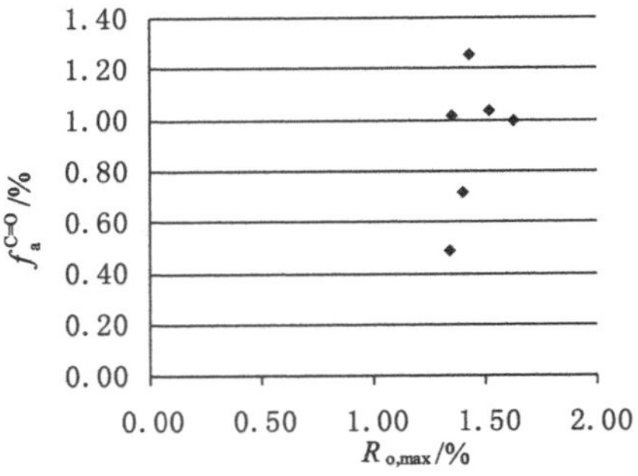

图 4-16 羰基碳($f_a^{C=O}$)演化趋势图

4.4.3.3 脂族

煤中脂族碳是与芳族碳相对应的煤中两大重要分子结构组成之一，具有与芳族相反的演化规律，随着镜质组最大反射率的增大而减小。

图 4-17 为脂碳率演化趋势图，其演化规律具备受煤化程度和变形程度双重影响的特点，致使随单因素的变化规律不明显。

$f_{al}^{a,3}$受反射率的影响不显著，表现出明显的受构造变形的控制作用，如图 4-18 所示。总体而言，强剪切变形和韧性变形煤的 $f_{al}^{a,3}$ 均小于 6%，明显小于脆性碎裂和中等剪切变形煤，后者均大于 7%。不同应力-应变环境下形成的构造煤样，均表现出随着变形的增强 $f_{al}^{a,3}$ 逐渐减小，不同变形环境的影响程度表现为：剪切变形＞韧性变形＞脆性碎裂变形。

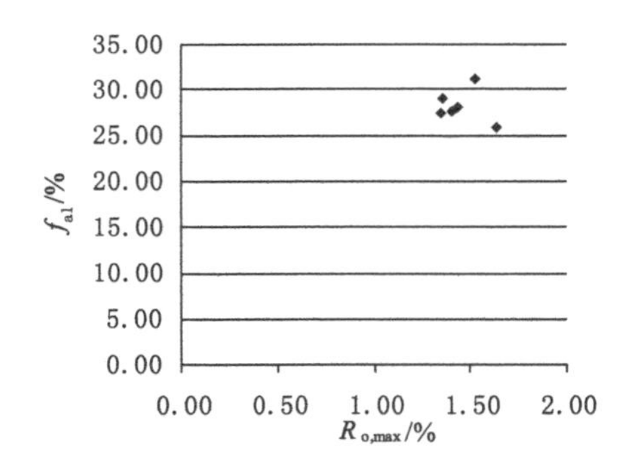

图 4-17 脂碳率(f_{al})演化趋势图

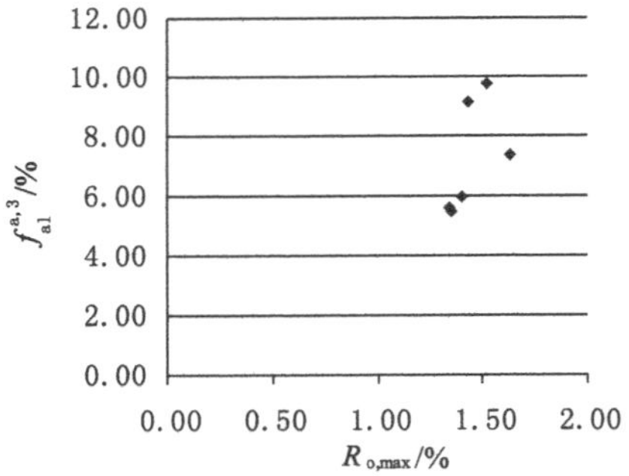

图 4-18 芳与脂甲基碳($f_{al}^{a,3}$)演化趋势图

$f_{al}^{*,1,2}$亦表现为受变形程度的显著影响，而与反射率无明显关联，如图 4-19 所示。总体上 $f_{al}^{*,1,2}$ 随着变形程度的增强先大幅减小，如由块状碎裂煤Ⅰ SY-09 的 17.27%减小到片状碎裂煤Ⅱ SY-12 的 11.37%，而后随变形继续增强而增大，但不同的变形环境的影响程度迥异，强剪切变形影响最大，其次为韧性和脆性碎裂变形(表 4-5)。这一变化规律是与 $f_{al}^{a,3}$ 相对应的，起初的变形作用只是导致脂链的断裂，从而形成大量不成对电子的发育，同时使得 $f_{al}^{*,1,2}$ 减小，而对烷基碳影响不大，由块状碎裂Ⅰ到片状碎裂Ⅱ，$f_{al}^{a,3}$ 仅有 0.61%的变化，而 $f_{al}^{*,1,2}$ 由 17.27%减小到 11.37%。随着变形作用的进一步加强，之前形成的不成对电子开始重新结合成键，其中可能伴随着烷基的脱落成烃，所以造成 $f_{al}^{a,3}$ 的急剧减小和 $f_{al}^{*,1,2}$ 的增大，从它们减小和增大的幅度来看，强的剪切应变环境最有利于断键的重新组合，其次为韧性变形环境，脆性碎裂变形最差。

氧接脂碳随煤化程度变化规律不明显(图 4-20)，表现出与构造变形的强相关性，总体随变形增强先增大后减小，且不同类型变形所导致的增大幅度不同，中等剪切变形导致的增大最为明显，其次为弱韧性变形，强脆性碎裂变形最低。就剪切变形而言，氧接脂碳由块状碎裂煤Ⅰ的 4.22%增至片状碎裂煤Ⅱ的 7.62%，增加 3.4%个百分点。相比而言，弱韧性变形煤样增至 6.76%，增加 2.54 个百分点，强脆性碎裂变形增至 5.59%，仅增加 1.37 个百分点。同时，剪切变形和韧性变形煤样，氧接脂碳随着变形的进一步增强，分别减小至鳞片煤Ⅱ的 7.21%和强韧性变形揉皱煤的 5.67%。

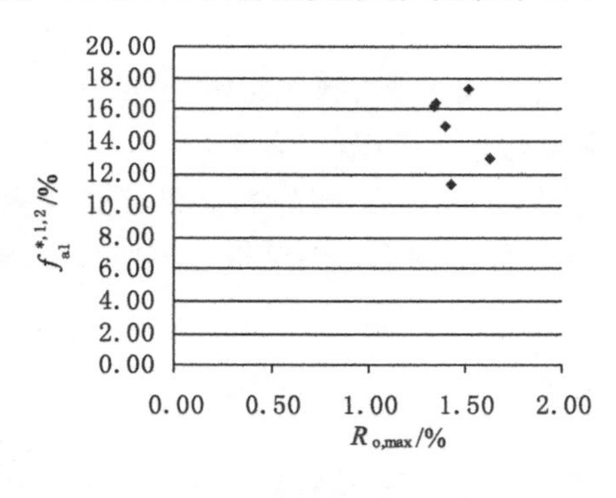

图 4-19 季、次与亚甲基碳($f_{al}^{*,1,2}$)演化趋势图

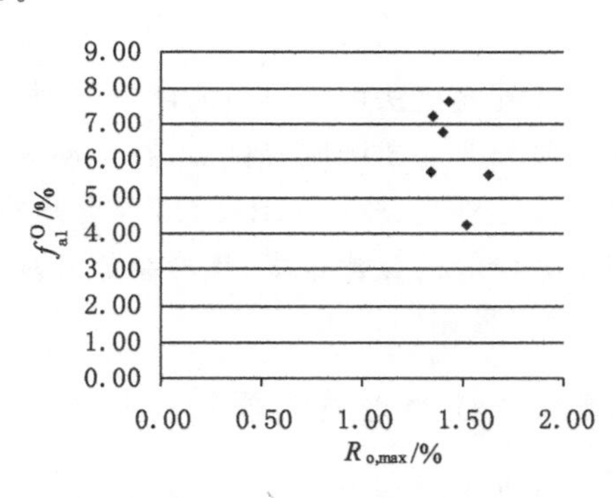

图 4-20 氧接脂碳(f_{al}^{O})演化趋势图

综上所述，构造煤 NMR 结构参数表现出受煤级和构造变形共同控制的特点，但对于不同的参数，煤级和构造变形的影响程度存在差异。

芳碳率、$f_{a}^{H,B}$ 和氧接芳碳均表现为与煤级的强相关，受构造变形的影响相对较弱。芳碳率和 $f_a^{H,B}$ 随煤化程度的增大而增大，氧接芳碳随煤化程度的增大而减小。构造变形的影响仅表现为：较强韧性变形对芳碳率的提高具有一定的促进作用，韧性变形及强剪切变形有助于 $f_a^{H,B}$ 的明显增加，中等和强剪切变形可致使芳环上含氧官能团脱落，而其他类型变形的影响不明显。

烷基取代芳碳、羧基碳、羰基碳、$f_{al}^{a,3}$、$f_{al}^{*,1,2}$ 和氧接脂碳随煤化程度的变化不明显，而表现出与构造变形较好的相关性。构造变形对烷基取代芳碳的影响表现为：中等变形程度剪切变形和强脆性碎裂变形有助于烷基的取代反应，而强剪切变形和韧性变形则促使苯环上的烷基脱落；对羧基碳、羰基碳的影响表现为：中等变形程度剪切作用可以大幅增强羧基和羰基在苯环上的取代反应，而韧性变形、强脆性碎裂变形和强剪切变形则致使构造煤中羧基和羰基的脱落；对 $f_{al}^{a,3}$ 的影响表现为：强剪切和韧性变形煤的明显减小，强脆性碎裂变形煤较弱脆性碎裂变形煤的小幅减小；$f_{al}^{*,1,2}$ 随变形的增强表现为：先减后增，且不同类型变形所引起的增量不同，剪切变形的影响最大，其次分别为韧性变形和脆性碎裂变形；构造变形对氧接脂碳的影响表现为：强脆性碎裂变形煤的小幅增大，剪切变形和韧性变形煤随变形增强先增后减。

脂碳率因受煤化程度和构造变形的双重影响，致使变化规律不明显。

4.5 傅里叶变换红外光谱结构演化

红外光谱法由于分析时间短、耗样量少、不破坏样品、制作简便、测试样品不受晶质和非晶质限制等优点，在地质研究领域已广泛应用(琚宜文，2003)。傅里叶变换红外光谱(FT-IR)的出现更是提高了其分析能力。目前，红外光谱主要用来分析煤的煤化程度、煤岩组成和成因类型，而对构造煤的结构成分研究才刚刚开始(张守仁，2001)。

4.5.1 红外光谱图解析

红外光谱是由物质分子中成键原子的振动能级跃迁所引起的吸收光谱。在解析红外光谱时，通常在 1 500 cm^{-1} 处将谱图分成高频区和低频区两部分。前者吸收峰不多，但它们是化学键和官能团的特征频率区；后者吸收峰相当多，它们反映了整个分子由于振动、转动而引起的整个分子的特征。通过对煤及烃源岩中显微组分的显微 FT-IR 光谱分析可知，前者的吸收峰一般较后者少，这一现象的形成可能是由于显微组分的结构差异所造成的(琚宜文，2003)。根据红外光谱学及有机化学原理，将各吸收峰的归属列于表 4-6。

表 4-6　煤及烃源岩中显微组分的显微红外光谱吸收峰归属(据金奎励,1997)

吸收峰/cm^{-1}			代号	吸收峰归属
峰位	波动范围	强度		
3 400	3 600～3 200	宽吸收	A	酚、醇、羧酸、过氧化物、水中的 OH 及 NH 的伸缩振动
3 050	3 115～2 990	弱	B	芳核上的 CH 伸缩振动
2 956	2 990～2 943	宽吸收	C	脂肪族 CH_3 不对称伸缩振动
2 923	2 943～2 892	强	D	脂肪族 CH_2 不对称伸缩振动
2 891	2 911～2 871	弱	E	脂肪族和脂环族 CH 伸缩振动
2 864	2 875～2 800	中等-强	F	脂肪族 CH_3 对称伸缩振动
2 849	2 875～2 800	弱	G	脂肪族 CH_2 对称伸缩振动
1 745	1 770～1 720	强度变化	H	脂肪族中酸酐 C═O 伸缩振动
1 700	1 720～1 687	强度变化	I	芳香族中酸酐 C═O 伸缩振动
1 680	1 690～1 668	弱-中等	J	醌中酸酐 C═O 的伸缩振动
1 625				苯环 C═C 共轭双键振动
1 600	1 645～1 545	强	K	芳烃 C═C 骨架振动
1 500	1 545～1 480	弱-强	L	稠合芳核 C═C 骨架振动
1 450	1 480～1 421	中强	M	主要为烷链结构上的 CH_3、CH_2 不对称变形振动
1 380	1 420～1 350	弱-中等	N	CH_3 对称弯曲振动
1 321	1 340～1 280	中等	O	Ar—O—C 伸缩振动
1 243	1 280～1 210	中强	P	Ar—O—Ar 伸缩振动
1 182	1 210～1 174	中强	Q	R—O—C 伸缩振动
1 112	1 174～1 100	中强	R	SO_2—C—O—C 对称伸缩振动
1 084	1 100～1 006	强	S	C—O—C 伸缩振动及 Si—O 伸缩振动
950	979～921	弱-中等	T	羧酸中 OH 弯曲振动
870	921～850	弱-中等	U	芳烃中 CH 面外变形振动
810	850～800	弱	V	芳烃中 CH 面外变形振动
750	780～730	弱	W	芳烃中 CH 面外变形振动
720	730～700	弱	X	正构烷烃侧链上(CH_2)>4 的骨架振动

从表4-6中可以看出，煤及烃源岩显微组分显微红外光谱主要存在三种类型吸收峰：① 脂肪族结构吸收峰，主要有720 cm^{-1}、1 380 cm^{-1}、1 450 cm^{-1}、2 850～3 000 cm^{-1}；② 芳香族结构吸收峰，主要有750 cm^{-1}、810 cm^{-1}、870 cm^{-1}、1 500 cm^{-1}、1 600 cm^{-1}及3 050 cm^{-1}；③ 杂原子基团吸收峰，主要有950 cm^{-1}、1 084 cm^{-1}、1 112 cm^{-1}、1 182 cm^{-1}、1 243 cm^{-1}、1 321 cm^{-1}、1 680 cm^{-1}、1 700 cm^{-1}、1 745 cm^{-1}及3 400 cm^{-1}。

4.5.2 样品预处理及实验方法

本次研究对所选择的23个实验样品进行了FT-IR测试，样品的预处理同EPR，干燥后的粉样采用KBr压片后即可等待测试。测试在中国矿业大学化工学院完成。使用仪器为美国Nicolet公司生产的AVATAR 360型傅里叶红外光谱仪。扫描范围为400～4 000 cm^{-1}，扫描次数为32，分辨率为4。

4.5.3 FT-IR结构演化特征

图4-21直观地展示了不同变质程度构造煤的各官能团和化学键的吸收峰形态，可见不同煤化程度构造煤样的FT-IR谱图存在明显差异，主要表现在以下几个方面：

(1) 波动范围在3 115～2 990 cm^{-1}，由芳核上的CH伸缩振动所引起的吸收峰，代号为B，其在气煤和无烟煤的波谱中均不明显，但在焦煤样的波谱中表现为一明显的峰；同时波动范围在921～730 cm^{-1}，由芳核中CH面外变形振动所引起的三个吸收峰，代号分别为U、V和W，显示出类似的变化趋势，在气煤和无烟煤的波谱中波形较焦煤样中的平缓。其原因在于，由气煤到焦煤主要体现为芳构化程度增高，而芳香稠环的增大作用不明显，致使芳核CH键含量的增多；相应振动产生的吸收度自然增强；然而，由焦煤到无烟煤，芳香稠环的增大作用占主导，致使CH键含量减少，从而对应的吸收峰显得平缓。

(2) 波动范围在2 943～2 892 cm^{-1}和2 875～2 800 cm^{-1}，分别由脂肪族CH_2不对称伸缩振动和脂肪族CH_3对称伸缩振动所引起的吸收峰，代号分别为D和F，以及波动范围在1 645～1 545 cm^{-1}，由芳烃C═C骨架振动所引起的吸收峰，代号为K，它们在无烟煤谱中均较气煤和焦煤样显平缓，这对于脂肪族的D和F易于解释，即随着煤化程度的提高，脂肪族分解重构为芳香族所导致的。至于为何属芳族类的K亦在无烟煤阶段显平缓，其原因应归结于芳香稠环的不断延展增大，致使振动越加不易。

(3) 波动范围在1 174～1 100 cm^{-1}，由SO_2—C—O—C对称伸缩振动所引起的吸收峰，代号为R，其波峰显然在无烟煤阶段得到增强。同时，同一煤级的

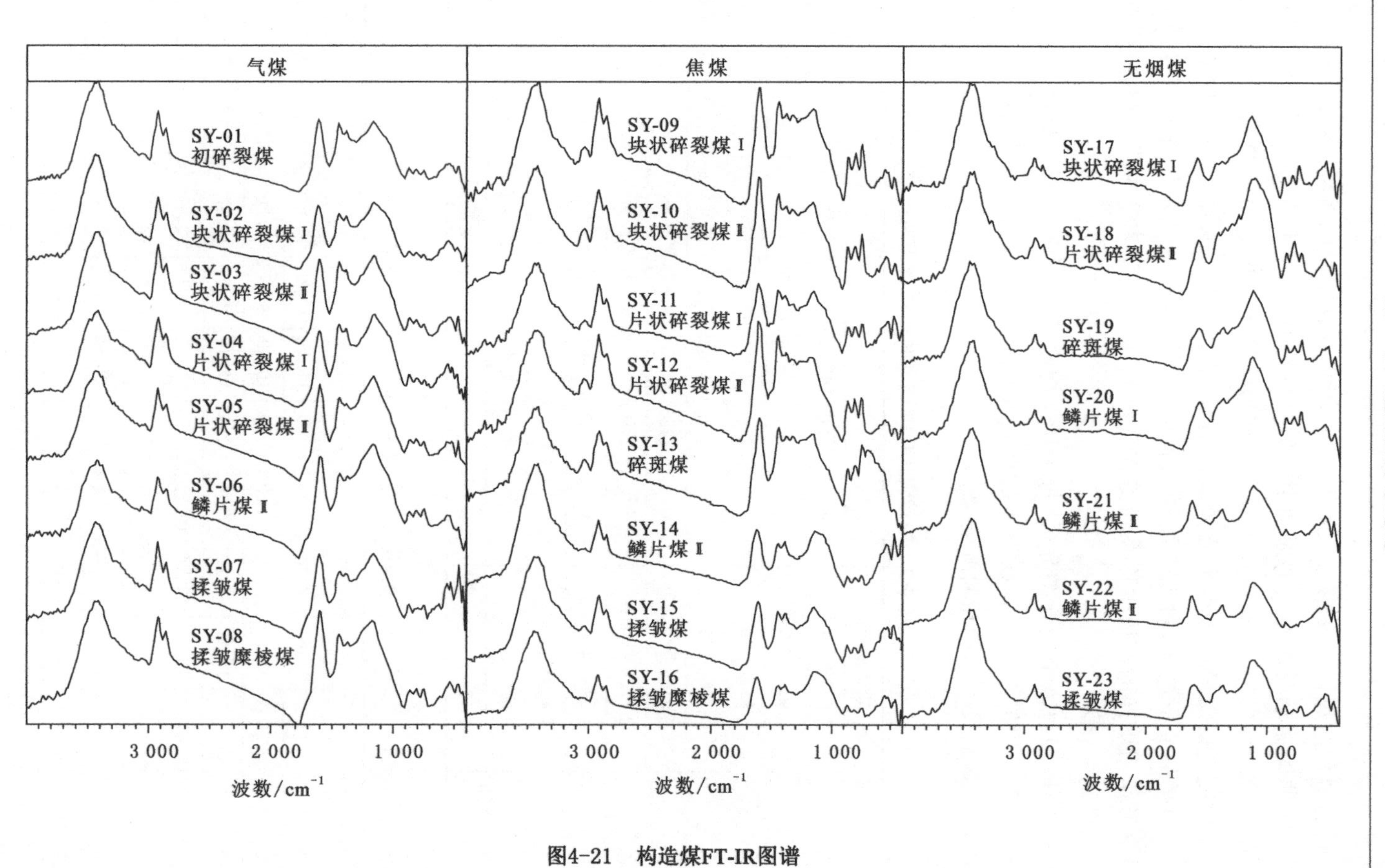

图4-21　构造煤FT-IR图谱

不同类型构造煤样的波谱形态基本一致,但也存在细微的差异,主要表现在芳核上CH伸缩振动及面外变形振动引起的吸收峰B、U、V和W上。其中焦煤样的B峰,在脆性碎裂变形和弱及中等剪切变形煤样中表现为明显的峰,但在剪切变形和韧性变形煤样中显得十分微弱。另外,U、V和W峰在焦煤样中表现为和B峰同样的变形趋势,对无烟煤样则表现为在脆性碎裂变形煤样和强及较强剪切变形作用煤样的波谱中比在强剪切变形和韧性变形煤样的波谱中显高峻,对于气煤则变化不大。

此外,通过波谱的详细分析,每个样品均含有10个吸收峰,这些吸收峰可被分为三类:脂肪族类、芳香族类和杂原子团类,见表4-7。表4-8列出了实验样品谱图中10个吸收峰的相对吸光率。

表4-7 构造煤FT-IR谱图中吸收峰归属

类别	波动范围	代号	吸收峰归属
芳香族	1 645～1 545	K	芳香烃中芳核的C═C骨架振动
	921～850	U	芳核上1个氢原子面外变形振动(Ⅰ类氢原子)
	850～800	V	芳核上2个相邻氢原子面外变形振动(Ⅱ类氢原子)
	780～730	W	芳核上4个相邻氢原子面外变形振动(Ⅳ类氢原子)
脂肪族	2 943～2 892	D	脂肪族CH_2的不对称伸缩振动
	2 875～2 800	F	脂肪族CH_3的对称伸缩振动
	1 480～1 421	M	烷链上CH_3、CH_2的变形振动
	1 420～1 350	N	CH_3对称弯曲振动
杂原子团	3 600～3 200	A	醇、酚、羧酸等的OH的伸缩振动
	1 174～1 100	R	SO_2—C—O—C对称伸缩振动

表4-8 构造煤FT-IR参数计算结果

编号	$R_{o,max}$/%	A/%	D/%	F/%	K/%	M/%	N/%	R/%	U/%	V/%	W/%
SY-01	0.89	16.86	12.79	10.54	11.77	11.19	10.20	11.53	5.24	5.03	4.84
SY-02	0.78	19.71	12.95	10.49	11.71	10.40	9.97	12.20	4.44	4.20	3.94
SY-03	0.84	15.28	13.72	11.36	11.92	11.64	10.65	12.38	4.68	4.47	3.90
SY-04	0.65	13.01	12.27	10.57	10.85	11.55	11.13	12.62	6.33	5.93	5.74
SY-05	0.69	13.64	11.76	10.09	12.24	10.76	10.12	13.15	6.14	6.21	5.89
SY-06	0.85	12.30	10.38	9.06	12.74	10.89	10.51	14.18	6.49	6.62	6.83
SY-07	0.79	16.91	14.05	11.04	12.30	9.72	9.41	12.34	4.93	4.44	4.88

表 4-8(续)

编号	$R_{o,max}$/%	A/%	D/%	F/%	K/%	M/%	N/%	R/%	U/%	V/%	W/%
SY-08	0.89	15.01	13.06	11.33	13.80	11.00	10.06	12.67	4.24	4.45	4.38
SY-09	1.52	13.82	12.02	10.03	13.20	11.65	10.34	10.84	5.37	5.87	6.86
SY-10	1.53	14.88	12.03	10.11	13.55	11.56	10.11	10.57	5.20	5.27	6.73
SY-11	1.54	14.08	11.61	9.95	11.68	10.94	10.32	10.81	6.75	6.81	7.05
SY-12	1.43	13.24	12.74	10.50	14.24	12.62	10.68	10.13	5.14	5.20	5.51
SY-13	1.63	13.36	10.67	9.44	12.13	11.08	10.14	10.38	6.58	6.98	9.26
SY-14	1.35	25.44	13.86	10.96	12.08	9.19	9.41	11.75	2.51	2.17	2.62
SY-15	1.40	18.27	12.59	10.51	11.71	10.27	9.95	10.91	5.31	5.00	5.48
SY-16	1.34	17.30	11.18	9.64	10.87	9.71	9.87	11.65	6.93	6.31	6.54
SY-17	2.58	22.95	8.88	7.55	8.98	7.96	8.27	16.79	5.39	5.70	7.55
SY-18	2.69	18.40	6.92	7.74	8.41	9.55	10.20	17.50	6.52	8.24	6.52
SY-19	2.42	20.30	8.36	7.01	9.45	8.73	9.63	15.60	6.73	6.65	7.55
SY-20	2.63	18.34	8.16	7.18	9.39	8.57	9.97	16.04	7.10	7.26	8.00
SY-21	2.89	26.01	10.14	7.48	11.06	7.47	9.33	14.19	5.16	4.34	4.81
SY-22	2.96	27.58	10.87	8.29	10.50	6.70	8.54	13.45	4.85	4.24	4.98
SY-23	3.05	24.32	9.74	7.89	9.74	8.11	9.63	14.52	5.71	4.85	5.49

注:表中下面三栏分别对应于气煤、焦煤和无烟煤。

① 芳香族类结构

芳香族类结构包括 K、U、V 和 W 四个吸收峰,如图 4-22～图 4-25 所示,总体而言,仅 K 峰相对吸光率随煤化程度的提高变化较为明显,尤其是由焦煤到无烟煤,表现为显著的降低,其他各峰均无显著的相关性。

a. 芳香烃中芳核的 C═C 骨架振动吸收峰(K)

气煤阶段的 K 峰吸光率表现为受煤级和变形作用双重控制的特点,随镜质组最大反射率的增大而增大,随变形程度的增大而增大。如总体上变形程度较高的片状碎裂煤Ⅱ、鳞片煤Ⅱ、揉皱煤和揉皱糜棱煤的吸光率均大于 12%,且变形程度最高的揉皱糜棱煤的相对吸光率达 13.80%,而其他变形程度较低的则都在 12%以下。另外,对于弱变形的初碎裂煤、块状碎裂煤Ⅰ和片状碎裂煤Ⅰ,相对吸光率随反射率的降低明显减小,由 11.77%减小到 10.85%。

焦煤阶段 K 峰的吸光率随煤级或变形程度的增高有时增加,有时减少,呈现无序性。但总体来说,脆性碎裂变形和弱及中等剪切变形煤样要高于强剪切变形和韧性变形煤样,不过这并不能说明强剪切及韧性变形减少了 K 峰吸光率，因为它们的反射率同样较低，故也可能是煤化程度低的原因，或煤变质和变形共同作用的结果。总体而言，变形对煤中芳核C═C骨架振动影响较弱，易受煤化程度变化的影响。

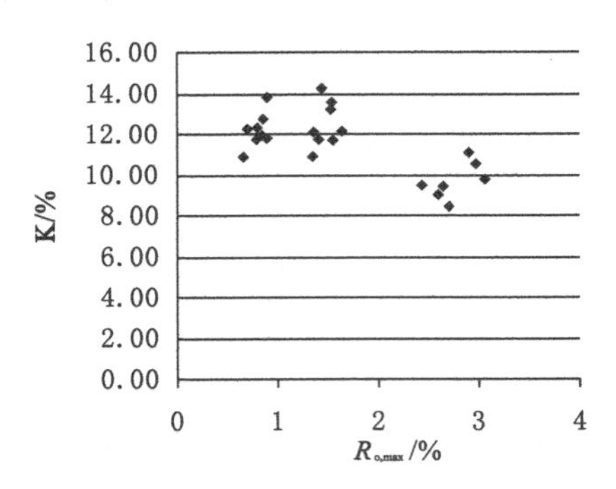

图 4-22　K 的相对吸光率的演化趋势图

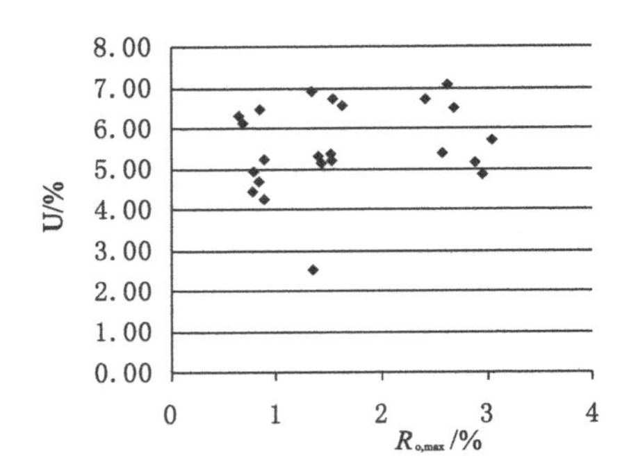

图 4-23　U 的相对吸光率的演化趋势图

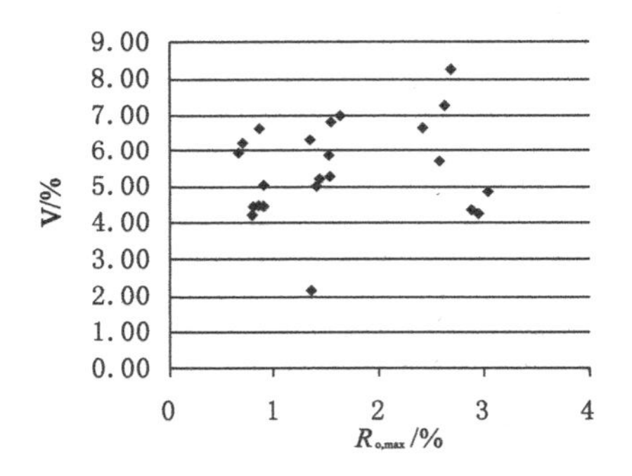

图 4-24　V 的相对吸光率的演化趋势图

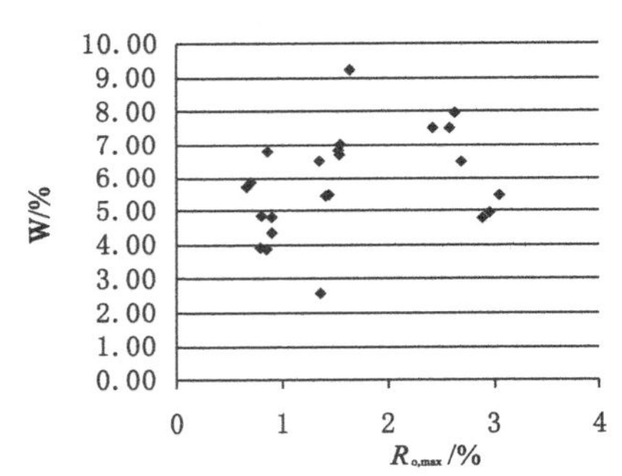

图 4-25　W 的相对吸光率的演化趋势图

无烟煤阶段，煤化程度的增高主要体现为芳香稠环的延展增大，其个体越大对C═C骨架振动越是不利，所以表现出反射率越高K吸收率越低的现象，如受变形影响相对较弱的块状碎裂煤Ⅰ、片状碎裂煤Ⅱ，反射率与吸光率呈负相关关系。同时，通过仔细分析发现，无烟煤中的强及较强剪切变形煤样和韧性变形煤样，尤其是SY-21、SY-22、SY-23，反射率相对较大，本应有较小的吸光率，相反其K峰吸光率却远大于反射率较低、变形较弱的块状碎裂煤Ⅰ、片状碎裂煤Ⅱ的K峰吸光率，同时脆性碎裂变形煤样中变形程度较高的碎斑煤虽具有较小的反射率，但其吸光率仍有小幅的增长，说明无烟煤阶段，强剪切变形和韧性变形可以大大提高芳核C═C骨架振动，而脆性变形仅有较小的促进作用。

b. 芳烃中CH面外变形振动(U、V和W)

U、V和W峰的变化规律具有很强的相似性，故在此统一进行讨论。

气煤样芳烃中 CH 面外变形振动表现出极强的与变形类型的相关性(表 4-8)，片状与鳞片煤样的相对吸光率在所有构造煤类型中最大，其次为初碎裂煤、块状碎裂煤及韧性变形构造煤，且大小相差不大，这说明对于低煤级煤来说，剪切变形有利于增多芳烃 CH 含量，韧性变形和脆性碎裂变形的影响不大。

焦煤样表现为受煤化程度与变形作用共同控制的特征，样品中吸光率较大的多为反射率高的样品，而反射率较低的韧性变形煤样吸光率亦较高，说明韧性变形促进芳核中 CH 含量的增加，同时强剪切变形鳞片煤Ⅱ的相对吸光率远低于其他样品，说明强烈的剪切应变环境对芳核中 CH 含量的增加起抑制作用。

无烟煤中 SY-21、SY-22、SY-23 的煤化程度明显低与其他样品，说明煤化程度在高煤级阶段与芳核中 CH 含量呈负相关关系。另外，揉皱煤 SY-23 反射率增加，吸光率相对鳞片煤反而增加，说明韧性变形在高煤级阶段促进了芳核中 CH 含量的增加。

② 脂肪族类结构

脂肪族类结构包括 D、F、M 和 N 四个吸收峰，如图 4-26～图 4-29 所示，总体都随着镜质组反射率的增高呈下降趋势。

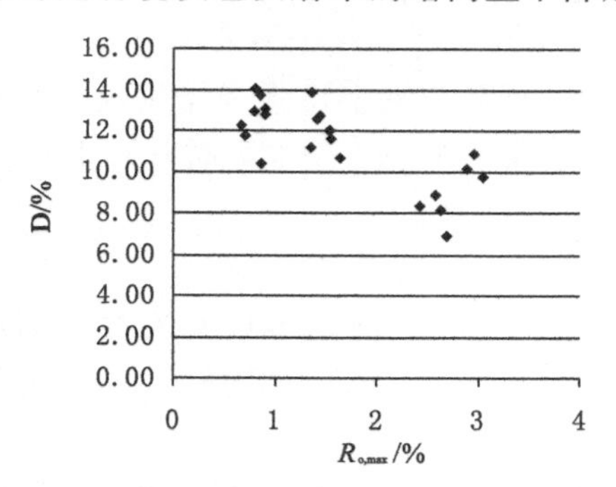

图 4-26　D 的相对吸光率的演化趋势图

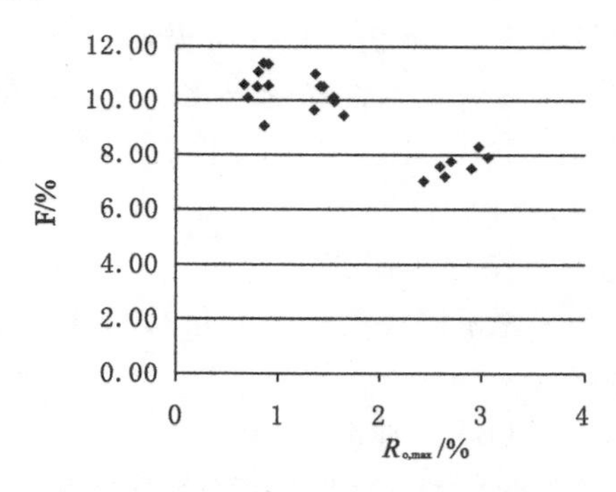

图 4-27　F 的相对吸光率的演化趋势图

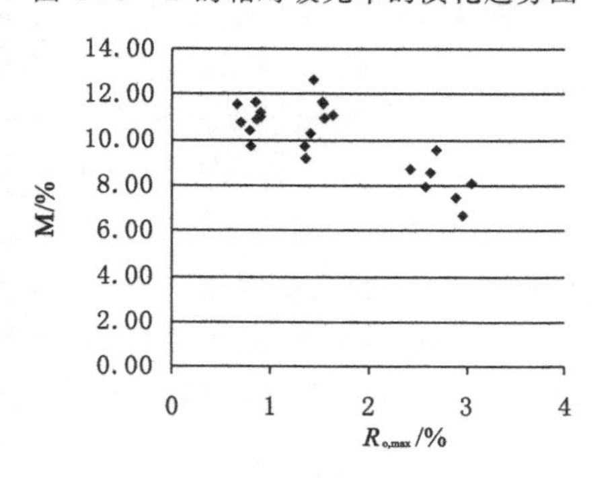

图 4-28　M 的相对吸光率的演化趋势图

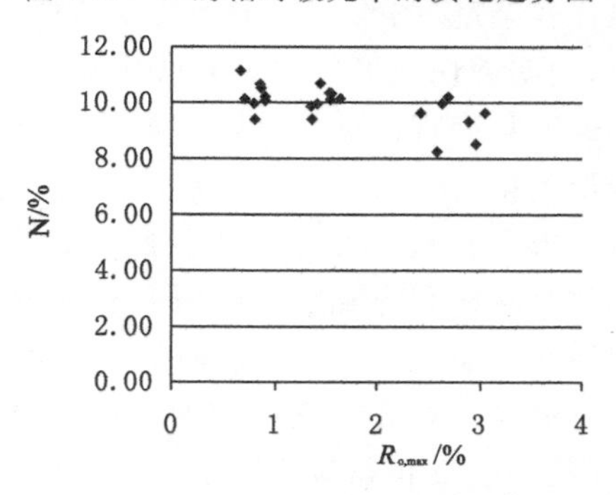

图 4-29　N 的相对吸光率的演化趋势图

D 和 F 吸光率表现出较强的与煤变形类型的相关性。气煤样中，片状碎裂煤Ⅱ、鳞片煤Ⅱ最低，初碎裂煤、块状碎裂煤Ⅰ和片状碎裂煤Ⅰ次之，块状碎裂煤Ⅱ和韧性变形构造煤最高，说明低煤级阶段，剪切变形和韧性变形对于煤中 CH_2 和 CH_3 的增加分别起抑制和促进作用，同时较强的脆性碎裂也起到了促进作用；焦煤阶段，除揉皱煤 SY-16 外，均随反射率的增加而减少，SY-16 的例外说明强烈的揉皱作用进一步降低了煤中 CH_2 和 CH_3 的含量。无烟煤中的 SY-21、SY-22、SY-23 的变形程度明显高于其他样品，其吸光率亦高于其他样品，说明高煤级阶段强烈的变形作用可以增加 CH_2 和 CH_3 的含量。

M 和 N 的吸光率同样表现出强相似性。气煤阶段，SY-05～SY-08 的中等及强剪切变形和韧性变形煤样的吸光率较其他煤样整体偏低，说明剪切和韧性变形抑制了烷链中甲基和亚甲基的不对称变形及甲基的对称弯曲，另外反射率最低的片状碎裂煤Ⅰ SY-04 的吸光率明显较高和揉皱煤 SY-07 的吸光率最低表明煤化程度和强烈的韧性变形环境具有负影响效应。焦煤阶段，强剪切变形和韧性变形煤样 SY-14、SY-15、SY-16 的 M 和 N 吸光率均较低，说明强剪切作用和韧性变形作用对 M 和 N 吸收有抑制作用。无烟煤阶段，M 和 N 吸光率的变化较为凌乱，但仍有规律可循，无烟煤中剪切变形煤样的吸光率表现出较强的与变形程度的相关性和受煤化程度影响的特征，即随着变形增强和煤化程度的增高而减小，由片状碎裂煤Ⅱ的 9.55%到鳞片煤Ⅰ的 8.57%，至鳞片煤Ⅱ减至 7.47%和 6.70%。

③ 杂原子团类

杂原子团类的吸收峰包括 OH 伸缩振动 A 和 SO_2—C—O—C 对称伸缩振动 R。

a. OH 的伸缩振动(A)

气煤阶段，A 吸光率随镜质组最大反射率和构造煤变形类型及程度的改变整体较杂乱(图 4-30)，但剪切变形列的片状碎裂煤和鳞片煤均明显低于其他煤类，说明剪切变形作用对 OH 影响显著，且表现为抑制效应。焦煤阶段，A 吸光率的变化表现出截然不同的现象，变形强烈的鳞片煤Ⅱ和揉皱煤明显高于其他变形类型，尤其是鳞片煤，A 峰吸光率最高达到 25.44%，说明强剪切变形和韧性变形尤其是前者对 OH 的影响最为显著，且表现为促进作用，而剪切变形较弱的片状碎裂煤和脆性碎裂变形构造煤的影响均比较小。无烟煤阶段，若不考虑块状碎裂煤Ⅰ，其他煤样的 A 吸光率表现为与构造变形的强相关性，强剪切变形的鳞片煤Ⅱ＞韧性变形＞强脆性碎裂变形(碎斑)＞相对较弱的剪切变形(片状碎裂煤Ⅱ和鳞片煤Ⅰ)。

b. SO_2—C—O—C 的对称伸缩振动(R)

R 吸光率总体随反射率先减小后增大，如图 4-31 所示。气煤阶段，R 吸光率表现出强的与变形程度和类型的相关性，总体随变形程度的增高而增加，但不同的变形环境表现出迥异的影响程度。初碎裂煤为最小的 11.53%，其他不同变形类型和程度均有增加，其顺序为：剪切变形煤样＞韧性变形煤样＞脆性碎裂变形煤样，其中各应力-应变环境下不同变形程度构造煤样的吸光率亦随变形程度的增加而增加（表 4-8）。焦煤阶段同样表现出受变形的强烈影响，但变化规律有所变化，其中脆性碎裂变形煤样随变形增强而降低，韧性变形煤样表现为随变形增强而增大，剪切变形煤样则表现为随变形程度增加先有所减小后明显增大。无烟煤阶段的 R 吸光率同样与构造变形强相关，其规律表现为随变形程度的增高先增后减。块状碎裂煤Ⅰ为 16.79%，片状碎裂煤Ⅱ增加至 17.50%，鳞片煤表现为随变形程度增大逐渐减小的趋势，先是鳞片Ⅰ的 16.04%，后是鳞片Ⅱ的 14.19%和 13.45%，韧性变形的揉皱煤和强脆性碎裂变形的碎斑煤分别减至 14.52%和 15.60%，从减小的幅度看，强剪切变形的影响高于韧性变形，强脆性碎裂变形影响最小。

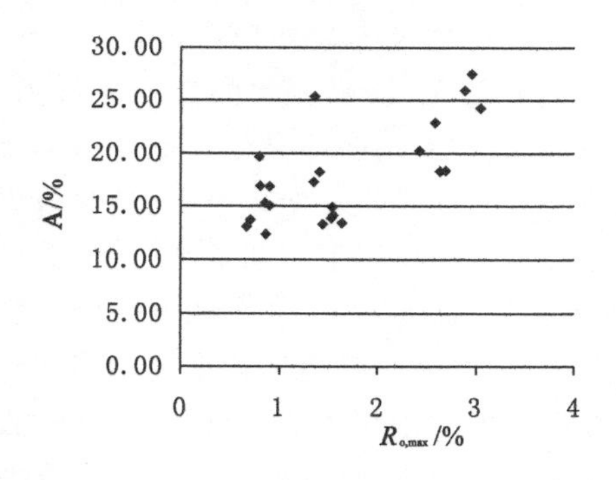

图 4-30　A 的相对吸光率的演化趋势图

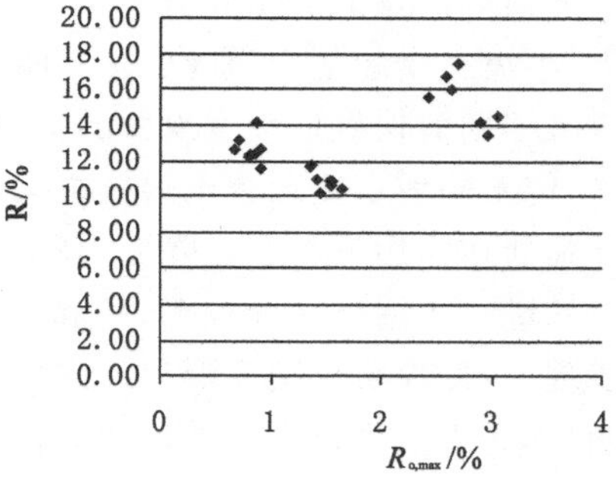

图 4-31　R 的相对吸光率的演化趋势图

综上所述，构造煤 FT-IR 结构参数同样受煤化程度和构造变形的共同影响，且不同的参数两个因素的影响程度存在差异。部分参数表现出与煤化程度较好的相关性，K、D、F、M 和 N 峰的吸收率均随煤化程度的增高表现为由气煤级到焦煤级变化不大，而至无烟煤级明显减小；A 峰吸收率起始由气煤级到焦煤级亦变化不大，而至无烟煤级表现为明显的增大；R 峰的吸收率则随煤化程度的增大表现为先减后增的变化趋势。构造变形对 FT-IR 参数的影响较为复杂，且不同参数的变化规律随煤级的不同、变形环境类型的不同而存在差异。

脆性碎裂变形对 K 峰吸收率的影响表现为：低、高煤级煤随变形程度的增高而增大，中煤级煤随变形程度变化不明显；对 D 和 F 峰吸收率的影响表现为：

仅低煤级煤随变形程度的增高而增大，中、高煤级煤随变形程度增高的变化不明显；对 M 和 N 峰吸收率的影响表现为：仅中煤级煤在强脆性碎裂变形作用下明显降低；对 A 峰吸收率的影响表现为：仅高煤级煤随变形程度的增高而增大；对 R 峰吸收率的影响表现为：低、中煤级煤随变形程度的增高而增大，高煤级煤随变形程度的增高有小幅下降。

韧性变形对 K 峰吸收率的影响表现为：低、高煤级煤随变形程度的增高而增大，中煤级煤随变形程度变化不明显；对 U、V 和 W 峰的吸收率的影响表现为：中、高煤级煤随变形程度的增高而增大，低煤级煤随变形程度增高的变化不明显；对 D 和 F 峰吸收率的影响表现为：低、高煤级煤随变形程度的增高而增大，中煤级煤仅在较强韧性变形下明显降低；对 M 和 N 峰吸收率的影响表现为：仅中煤级煤随变形程度的增高而明显降低；对 A 峰吸收率的影响表现为：中、高煤级煤随变形程度的增高而增大，低煤级煤随变形程度的增高变化不明显；对 R 峰吸收率的影响表现为：低、中煤级随变形程度的增高而增大，高煤级煤则随变形程度的增高大幅下降。

剪切变形对 K 峰吸收率的影响表现为：低、高煤级煤随变形程度的增高而增大，中煤级煤随变形程度变化不明显；对 U、V 和 W 峰吸收率的影响表现为：低煤级不同剪切变形程度煤样的 U、V 和 W 峰吸收率均明显高于其他变形类型煤样，但不同剪切变形程度煤样之间的 U、V 和 W 峰吸收率变化不大，中煤级煤仅在强剪切作用下有明显降低，高煤级煤在较强剪切作用下有明显增大，但剪切变形的进一步增强又导致 U、V 和 W 峰吸收率的减小；对 D 和 F 峰吸收率的影响表现为：低煤级煤随变形程度的增高而降低，中煤级煤随变形程度的增高变化不明显，高煤级煤仅在强剪切变形作用下表现为明显的增大；对 M 和 N 峰吸收率的影响表现为：仅低煤级煤在中等和强剪切作用下有所降低；对 A 峰吸收率的影响表现为：低煤级各剪切变形程度构造煤的 A 峰吸收率明显低于其他类型构造煤，中煤级煤表现为仅强剪切变形作用下的大幅增大，高煤级煤随变形程度的增高而增大；对 R 峰吸收率的影响表现为：低煤级煤随变形程度增高而增大，中、高煤级煤随变形程度增强均表现为先增后降的变化趋势。

第 5 章　瓦 斯 特 性

不同类型的构造煤形成于不同的应力-应变环境，从而具有各自特有的物理和化学结构特征，而物理和化学结构演化必然对煤的瓦斯特性产生深刻影响，并存在内在的关联性。

5.1　孔隙特征

煤是一种复杂的多孔介质，孔隙性是影响煤层瓦斯赋存的重要指标之一，而构造煤的孔隙受到构造扰动形成更为复杂的孔隙系统，并对瓦斯的赋存和煤层的透气性产生深刻的影响。

5.1.1　实验方法对比及原理

常用的孔隙性测试方法有压汞法和液氮吸附法。压汞法是利用外加压力使汞克服表面张力进入孔隙从而测得孔隙介质的孔隙性，当外加压力过大时不免引起煤体收缩致使进汞量不能仅代表孔隙量而产生误差，Kenneth 等(1979)和 Toda 等(1972)的研究表明，当压力大于 10 MPa(孔径约 100 nm)时的进汞量应归因于煤体的压缩，因此用压汞法测孔径小于 100 nm 的孔隙没有意义。液氮吸附法在一定程度上弥补了这一不足，利用气体在固定表面的吸附来进行测量，不存在煤体压缩的问题，适合进行孔径小于 100 nm 的孔的测量，但由于氮气的活化扩散效应，其无法进入 IUPAC(International Union of Pure and Applied Chemistry，国际纯粹与应用化学联合会)分类中孔径小于 2 nm 的微孔(Anderson et al.，1965)，所以液氮吸附法的测量范围大于 2 nm。近年来发展起来的二氧化碳吸附法使微孔测量成为可能。由于较氮气更细小的二氧化碳具有更快的扩散速率，且 273 K 时二氧化碳具有高的饱和压力(p_0 = 26 142 mmHg)，而使得在较低的相对压力下采集实验数据更为容易，同时微孔的充填主要在低压下完成，所以 273 K 时二氧化碳吸附曲线可以提供样品微孔孔容、比表面积和孔径分布信息(Zerda et al.，1999)。故此，本书联合运用压汞法、液氮吸附法和二氧化碳吸附法分别获得实验样品大于 100 nm、100～2 nm 和小于 2 nm 的孔隙特征。

5.1.2 样品预处理及实验方法

本次研究对 23 个实验样品分别进行了压汞和液氮吸附测试，并对 6 个不同变形类型和程度的焦煤样实施了二氧化碳吸附测试，其样品预处理及实验方法如下。

5.1.2.1 压汞法

压汞法样品预处理较为简单，从实验样品中取出 1 cm 大小碎砾 1～2 g，置于 70 ℃烘箱中干燥 12 h 后即可上机测试。本次实验在中国矿业大学分析测试中心完成。采用美国麦克尔公司 Autopore Ⅳ9510 型全自动压汞仪，仪器工作压力范围 0.1～600 00 PSIA[Pounds Per Square Inch Absolute，压强单位，1 PSIA = PSIG(表压)＋ 1 个大气压]，采集压力点 130 个，每点平衡时间 5 s。

5.1.2.2 液氮和二氧化碳吸附法

液氮和二氧化碳吸附法在北京市理化分析测试中心进行的。使用的仪器为美国康塔仪器公司生产的 NOVA4200e 型比表面积及孔径分布测定仪。分析气：氮气和二氧化碳。分析温度：氮气 77.3 K，二氧化碳 273 K。检测方法：将样品粉碎，取粒径小于 6 mm 的样品约 5 g，先在烘箱内干燥，再在 70 ℃真空脱气 12 h 后放在盛有液氮或二氧化碳的杜瓦瓶中与仪器分析系统相连，处理机对分析系统的压力和温度按预定的程序进行监控、处理计算，获得在某一压力下样品的吸附量。

5.1.3 孔隙特征

运用压汞、液氮和二氧化碳吸附三种孔隙测量方法，对各类型构造煤开展不同尺度的实验研究，获得了较为丰富的构造煤孔隙特征数据。

5.1.3.1 孔容与比表面积

目前，国内外关于孔隙大小的分类方案有很多，其中 IUPAC 推荐的分类在国际上广受认可并被用于煤等多孔介质的研究(Clarkson et al.，1999；Zerda et al.，1999；Mastalerz et al.，2008)，即将孔隙按孔径大小分为微孔(＜2 nm)、中孔(2～50 nm)和大孔(＞50 nm)(Rouquerol et al.，1994)。微孔为吸附孔，是煤中主要的气体储集空间；大孔为渗流孔，是气体流动的主要通道；中孔又叫介孔，其性质介于二者之间。

依照 IUPAC 的孔径分类方案，将以上测得的孔隙数据分类整理，获得各个构造煤样微孔、中孔、大孔的孔容和比表面积初始值，结合各煤样灰分含量进行校正得到各煤样无灰基孔容和比表面积(表 5-1)，并进一步绘制了孔容和比表面积的演化趋势图，如图 5-1 所示。

表 5-1　构造煤孔容与比表面积

实验编号	类型	$R_{o,max}$ /%	A_d /%	孔容/(mm^3/g)			比表面积/(m^2/g)		
				>50 nm	50～2 nm	<2 nm	>50 nm	50～2 nm	<2 nm
SY-01	初碎	0.89	11.35	7.65	0.767	—	0.036	0.365	—
SY-02	块Ⅰ	0.78	18.02	8.08	0.781	—	0.034	0.483	—
SY-03	块Ⅱ	0.84	13.59	14.88	0.914	—	0.064	0.495	—
SY-04	片Ⅰ	0.65	9.69	38.64	1.307	—	0.081	0.637	—
SY-05	片Ⅱ	0.69	12.36	9.76	0.799	—	0.035	0.553	—
SY-06	鳞Ⅱ	0.85	6.46	21.62	1.347	—	0.107	0.564	—
SY-07	揉皱	0.79	14.39	44.60	3.983	—	0.314	1.565	—
SY-08	揉糜	0.89	11.48	79.30	3.909	—	0.546	1.412	—
SY-09	块Ⅰ	1.52	6.99	8.52	0.591	9.28	0.028	0.330	22.53
SY-10	块Ⅱ	1.53	7.87	11.42	0.640	—	0.038	0.376	—
SY-11	片Ⅰ	1.54	8.38	12.90	0.589	—	0.056	0.350	—
SY-12	片Ⅱ	1.43	23.50	12.90	0.837	12.81	0.047	0.485	32.70
SY-13	碎斑	1.63	14.87	55.82	2.032	21.99	0.220	0.563	61.01
SY-14	鳞Ⅱ	1.35	10.82	16.57	0.819	18.12	0.053	0.379	46.81
SY-15	揉皱	1.40	18.97	19.96	1.148	18.20	0.046	0.524	48.39
SY-16	揉皱	1.34	13.27	35.72	2.341	26.86	0.160	0.577	81.49
SY-17	块Ⅰ	2.58	6.36	5.24	0.363	—	0.058	0.203	—
SY-18	片Ⅱ	2.69	8.27	13.37	0.469	—	0.065	0.179	—
SY-19	碎斑	2.42	6.27	72.39	1.952	—	0.534	0.277	—
SY-20	鳞Ⅰ	2.63	22.07	14.89	4.286	—	0.070	2.374	—
SY-21	鳞Ⅱ	2.89	36.44	30.68	1.904	—	0.098	1.794	—
SY-22	鳞Ⅱ	2.96	21.11	22.06	*	—	0.120	*	—
SY-23	揉皱	3.05	7.10	20.80	6.771	—	0.227	1.335	—

注：表中“—”代表没有进行实验测定；“ * ”代表实验结果不可用。

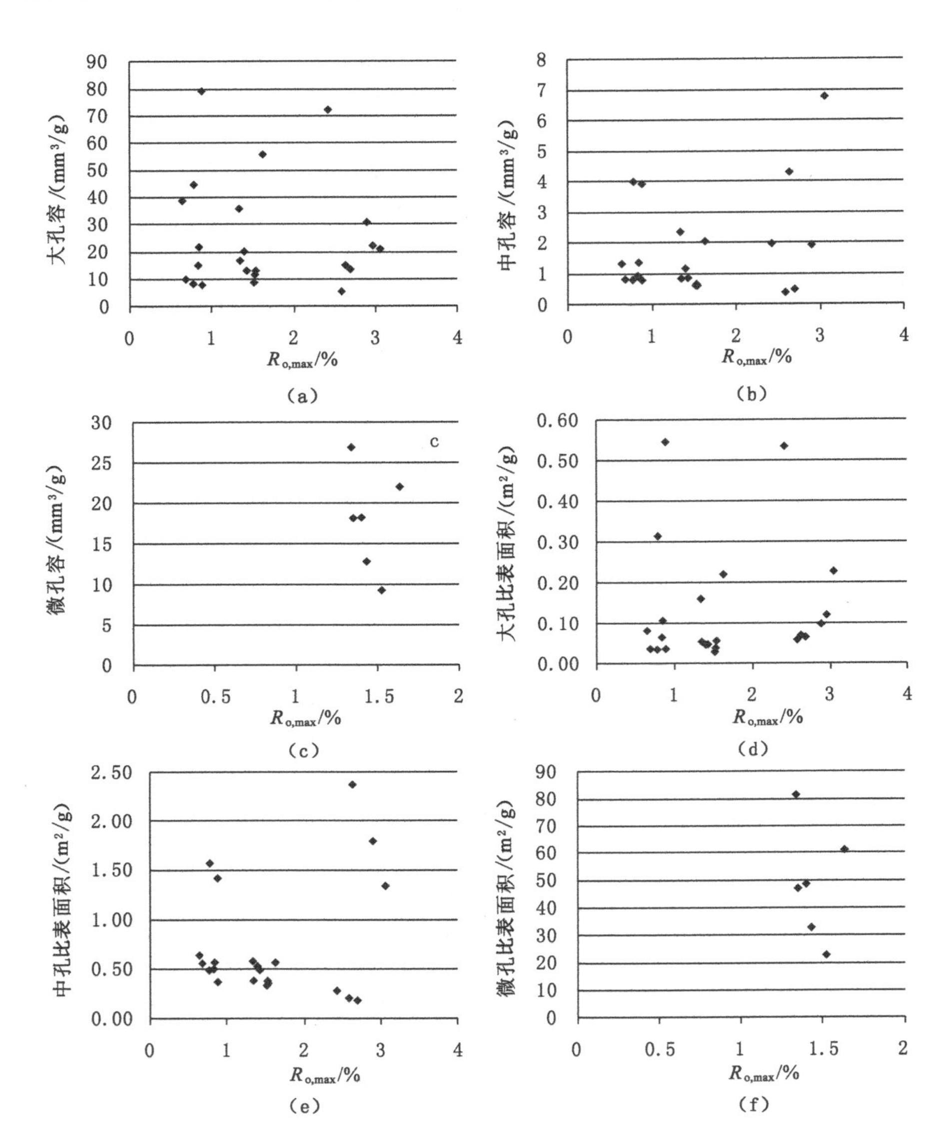

图 5-1　构造煤孔容与比表面积演化趋势图

(1) 孔容

实验样品的孔径分布呈现双峰结构[图 5-1(a)、(b)、(c)]，以大孔和微孔为主，中孔含量较少，其中大孔孔容在 5.24～79.30 mm³/g 之间变化，微孔孔容变化范围为 9.28～26.86 mm³/g，中孔孔容最大值仅 6.771 mm³/g。各级孔径、孔容随煤级变化的规律不明显，受构造变形作用的影响较大，如果剔除构造变形作用的影响，对比各煤级变形程度弱的块状碎裂煤Ⅰ，大孔和中孔孔容均有随煤化程度升高而下降的趋势，如低、中煤级煤大孔孔容基本持平，分别为8.08 mm^3/g和8.52 mm^3/g，高煤级煤有明显减小，为5.24 mm^3/g；中孔孔容则表现为持续下降，从低煤级到高煤级分别为0.781 mm^3/g、0.591 mm^3/g和0.363 mm^3/g。孔容总体随构造变形程度的增强而增大，同煤级下不同构造煤类型各级孔径、孔容还存在较大差异。

① 大孔孔容

低、中、高煤级的脆性碎裂变形和韧性变形煤样的大孔孔容均表现为随变形的增强而明显增加，气煤脆性碎裂变形构造煤由初碎裂煤和块状碎裂煤Ⅰ到块状碎裂煤Ⅱ，大孔孔容分别为7.65 mm^3/g、8.08 mm^3/g和14.88 mm^3/g，焦煤脆性变形构造煤由块状碎裂煤Ⅰ和块状碎裂煤Ⅱ到碎斑煤，分别为8.52 mm^3/g、11.42 mm^3/g和55.82 mm^3/g，无烟煤脆性碎裂变形构造煤由块状碎裂煤Ⅰ到碎斑煤，分别为5.24 mm^3/g和72.39 mm^3/g，可见弱的脆性碎裂变形有助于大孔容的增加，但增量有限，而强烈的脆性碎裂作用则会导致煤中大孔孔容的大量增加；气煤韧性变形揉皱煤到揉皱糜棱煤，大孔孔容分别为44.60 mm^3/g和79.30 mm^3/g，焦煤两个具有不同韧性变形程度的揉皱煤，随着变形的增强孔容由19.96 mm^3/g增至35.72 mm^3/g，无烟煤韧性变形揉皱煤的大孔孔容为20.8 mm^3/g，可见韧性变形作用造成煤中大孔孔容的显著增加，而且随着变形的增强孔容也显著增加，但增长的幅度有随着煤级增高而降低的趋势。

不同煤级剪切变形煤样的大孔孔容表现出不同的变化规律，低煤级表现为随变形增强先减小后增大的趋势，气煤剪切变形构造煤由片状碎裂煤Ⅰ和片状碎裂煤Ⅱ到鳞片煤Ⅱ，大孔孔容分别为38.64 mm^3/g、9.76 mm^3/g和21.62 mm^3/g，剪切变形最弱的反而具有较大的大孔孔容，中、高煤级表现为弱和中等剪切变形作用对煤中大孔孔容影响不大，但强剪切变形作用会导致大孔孔容较大的增加，焦煤样由片状碎裂煤Ⅰ和片状碎裂煤Ⅱ到鳞片煤Ⅱ，孔容分别为12.90 mm^3/g、12.90 mm^3/g和16.57 mm^3/g，无烟煤由片状碎裂煤Ⅱ和鳞片煤Ⅰ到鳞片煤Ⅱ，孔容分别为13.37 mm^3/g、14.89 mm^3/g和30.68 mm^3/g、22.06 mm^3/g。

② 中孔孔容

各煤级的脆性碎裂变形和韧性变形煤样的中孔孔容总的变化趋势与对应的大孔孔容具有一定的相似性，均表现为随变形的增强而明显增加，且弱变形对孔容增加有限，强变形可导致容量的大量增加，如气煤脆性碎裂变形构造煤由初碎裂煤和块状碎裂煤Ⅰ到块状碎裂煤Ⅱ，中孔孔容分别为0.767 mm^3/g、0.781 mm^3/g和0.914 mm^3/g，焦煤脆性碎裂变形构造煤由块状碎裂煤Ⅰ和块状碎裂煤Ⅱ到碎斑煤，分别为 0.591 mm^3/g、0.640 mm^3/g 和 2.032 mm^3/g，无烟煤脆性碎裂变形构造煤由块状碎裂煤Ⅰ到碎斑煤，分别为 0.363 mm^3/g 和 1.952 mm^3/g，气煤韧性变形揉皱煤到揉皱糜棱煤，中孔孔容分别为 3.983 mm^3/g 和 3.909 mm^3/g，焦煤两个具有不同韧性变形程度的揉皱煤，随着变形的增强孔容由 1.148 mm^3/g 增至 2.341 mm^3/g，无烟煤韧性变形揉皱煤的中孔孔容为 6.771 mm^3/g。通过数据的详细比对发现，中孔孔容与大孔孔容变化规律细节上的不同在于强的脆性碎裂变形和强韧性变形对不同煤级孔容影响的差异，强的脆性碎裂变形形成的碎斑煤的大孔孔容在中、高煤级相差甚远，而对应的中孔孔容基本相同；强的韧性变形对于大孔孔容的影响表现为随着煤级升高所造成的孔容增量减少，而对于中孔孔容的影响则表现为在无烟煤阶段为最高，其次为气煤和焦煤。同时对于中孔孔容，气煤阶段揉皱糜棱煤与揉皱煤相差不大，且有少许下降的现象，说明对于低煤级煤中孔孔容随着韧性变形增强存在一最大值，强的应力作用会致使孔容降低，这一现象也不同于大孔孔容。

低煤级剪切变形构造煤中孔孔容变化同大孔孔容，亦为先减后增，气煤由片状碎裂煤Ⅰ和片状碎裂煤Ⅱ到鳞片煤Ⅱ，中孔孔容分别为 1.307 mm^3/g、0.799 mm^3/g 和 1.347 mm^3/g；中煤级随剪切变形的增强先增加后减少，总体变化不大，焦煤样由片状碎裂煤Ⅰ和片状碎裂煤Ⅱ到鳞片煤Ⅱ，孔容分别为 0.589 mm^3/g、0.837 mm^3/g 和 0.819 mm^3/g；高煤级总体强的剪切变形对应于明显高的中孔孔容，但强度的进一步提高又导致孔容明显下降，无烟煤由片状碎裂煤Ⅱ和鳞片煤Ⅰ到鳞片煤Ⅱ，孔容分别为 0.469 mm^3/g、4.286 mm^3/g 和 1.904 mm^3/g。

③ 微孔孔容

中煤级焦煤的微孔孔容表现出与构造变形的强相关性，各应力-应变环境下形成的构造煤均随变形的增强而增加，脆性碎裂变形块状碎裂煤Ⅰ和碎斑煤的微孔孔容分别为 9.28 mm^3/g 和 21.99 mm^3/g，剪切应变片状碎裂煤Ⅱ和鳞片煤Ⅱ的微孔孔容分别为 12.81 mm^3/g 和 18.12 mm^3/g，不同韧性变形程度的揉皱煤分别为 18.20 mm^3/g 和 26.86 mm^3/g。不同变形环境对微孔孔容的影响，韧性变形最大，其次为脆性碎裂变形，剪切变形影响最小。

(2) 比表面积

所研究构造煤的比表面积以微孔比表面积为主，中孔和大孔所占比重很少[图 5-1(d)、(e)、(f)]，其中微孔的变化范围为 22.534～81.486 m^2/g，中孔和大孔分别为 0.179～2.374 m^2/g 和 0.028～0.546 m^2/g。不同孔径孔隙的比表面积还表现出与相对应孔容的较高对应性。

① 大孔比表面积

脆性碎裂变形和韧性变形煤样的大孔比表面积的变化与对应的大孔孔容的变化趋势一致，即随变形的增强而明显增加，且较弱的变形对容量增加相对有限，强变形可导致容量的大量增加，气煤脆性碎裂变形构造煤样由初碎裂煤和块状碎裂煤Ⅰ到块状碎裂煤Ⅱ，大孔比表面积分别为0.036 m^2/g、0.034 m^2/g和0.064 m^2/g，焦煤脆性碎裂变形构造煤样由块状碎裂煤Ⅰ和块状碎裂煤Ⅱ到碎斑煤，分别为0.028 m^2/g、0.038 m^2/g和0.220 m^2/g，无烟煤脆性碎裂变形构造煤样由块状碎裂煤Ⅰ到碎斑煤，分别为0.058 m^2/g和0.534 m^2/g；气煤韧性变形揉皱煤到揉皱糜棱煤，大孔比表面积分别为0.314 m^2/g和0.546 m^2/g，焦煤两个不同韧性变形程度的揉皱煤随着变形的增强比表面积由0.046 m^2/g增至0.160 m^2/g，无烟煤韧性变形揉皱煤的大孔比表面积为0.227 m^2/g。与大孔孔容变化不同的是，中煤级较弱变形揉皱煤SY-15的大孔比表面积较弱变形构造煤的增加相对于对应孔容的增加不明显，其原因是较弱的韧性变形有利于大孔径范围内较大孔的增加，致使孔容明显增加，而比表面积增加有限。

低煤级剪切变形煤样的大孔比表面积的变化规律与对应大孔孔容一致，即先减少后增加，气煤级剪切变形构造煤样由片状碎裂煤Ⅰ和片状碎裂煤Ⅱ到鳞片煤Ⅱ，大孔比表面积分别为0.081 m^2/g、0.035 m^2/g和0.107 m^2/g，不同的是三个样品中具有最大大孔孔容的弱变形片状碎裂煤Ⅰ的比表面积却小于鳞片煤Ⅱ，说明弱的剪切应变增加的是大孔径范围内孔径较大的孔隙，对比表面积的增加贡献不大。中煤级剪切变形煤样的大孔比表面积间的变化不大，整体先减小后增大，焦煤样由片状碎裂煤Ⅰ和片状碎裂煤Ⅱ到鳞片煤Ⅱ，比表面积分别为0.056 m^2/g、0.047 m^2/g和0.053 m^2/g，不同于孔容随剪切变形程度增强而增大，说明中煤级剪切应变作用对大孔径范围中较小孔隙的增加影响不大。高煤级剪切变形煤样的大孔比表面积变化与对应大孔孔容一致，随变形的增加而增大，无烟煤由片状碎裂煤Ⅱ和鳞片煤Ⅰ到鳞片煤Ⅱ，比表面积分别为0.065 m^2/g、0.070 m^2/g和0.098 m^2/g、0.120 m^2/g。无论是低煤级还是中、高煤级，较之脆性碎裂变形和韧性变形，剪切变形引起的比表面积的增幅较小，说明剪切应变形成的孔隙多为大孔范围内孔径较大的孔隙。

② 中孔比表面积

低煤级中孔比表面积的变化与对应孔容变化规律一致，脆性碎裂变形煤样的中孔比表面积随变形程度增强而增加，气煤由初碎裂煤和块状碎裂煤Ⅰ到块状碎裂煤Ⅱ，中孔比表面积分别为0.365 m^2/g、0.483 m^2/g和0.495 m^2/g；韧性变形煤样的比表面积较弱变形有较大的增加，但随着韧性变形的进一步增强，比表面积同孔容一样存在最大值，如气煤揉皱煤到揉皱糜棱煤，中孔比表面积分别为1.565 m^2/g和1.412 m^2/g；剪切应变煤样与孔容一样先减小后增加，但变化幅度远小于孔容的变化，如气煤由片状碎裂煤Ⅰ和片状碎裂煤Ⅱ到鳞片煤Ⅱ，中孔比表面积分别为0.637 m^2/g、0.553 m^2/g和0.564 m^2/g，说明低煤级剪切应变引起的中孔孔容的变化主要是中孔范围内较大孔径孔隙造成的。

中煤级中孔比表面积变化亦和对应孔容变化一致，脆性碎裂变形和韧性变形构造煤样的中孔比表面积均随变形的增强而增加，剪切变形构造煤表现为随变形增强先增大后减小。不同的是，中煤级各变形类型构造煤的中孔比表面积之间相差不多，即使是引起孔容大量增加的强脆性碎裂变形碎斑煤和韧性变形揉皱煤。可见，对于中煤级而言，构造变形作用对中孔的影响主要表现为对其孔径较大孔隙的影响。

高煤级中孔比表面积变化同样和对应孔容一致，脆性碎裂变形和韧性变形煤样均表现为随变形增强而增加，剪切应变煤样则表现为先增加而减小。不同的是，碎斑煤和揉皱煤的中孔比表面积随变形程度的增幅较孔容大为减小，说明高煤级阶段强烈韧性变形，尤其是强脆性碎裂变形，主要影响中孔中孔径相对较大的孔隙。

③ 微孔比表面积

微孔比表面积与孔容随煤变形的变化表现出高度一致性，中煤级焦煤的微孔比表面积随各变形环境下煤样变形的增强而增加，脆性碎裂变形块状碎裂煤Ⅰ和碎斑煤的微孔比表面积分别为22.534 m^2/g和61.010 m^2/g，剪切变形片状碎裂煤Ⅱ和鳞片煤Ⅱ的微孔比表面积分别为32.695 m^2/g和46.813 m^2/g，不同韧性变形程度的揉皱煤分别为48.391 m^2/g和81.486 m^2/g。不同变形环境对微孔比表面积的影响，韧性变形最大，其次为脆性碎裂变形，剪切变形最小。

5.1.3.2 孔隙形态类型

无论是压汞还是液氮吸附，不同的孔隙类型组成所形成的压汞曲线和吸附曲线的形态也不相同，由此可以反过来根据曲线形态特征来研究孔隙形态。以下分别由压汞曲线和液氮吸附曲线来探讨构造煤大孔和中孔的孔隙形态特征。

(1) 大孔孔隙形态类型

此处提到及后续节中将要探讨的大孔孔隙形态类型指的是压汞法测得的孔径大于100 nm的有效孔隙的孔隙形态类型，即开放孔、半封闭孔和细颈瓶孔。实验所得的压汞及进汞曲线一般具有孔隙滞后环特征，据此可对孔隙的基本形态及连通性进行初步评价（严继民 等，1986；刘常洪，1991；秦勇，1994）。其中开放孔具有压汞滞后环，半封闭孔则由于退汞压力与进汞压力相等而不具有滞后环，而细颈瓶孔作为一种特殊的半封闭孔，由于其瓶颈与瓶体退汞压力不同，也可形成突降型滞后环的退汞曲线(琚宜文,2003)。本次研究发现,退汞曲线存在突降的样品,对应的进汞曲线均伴随有陡升的现象,且前者远没有后者明显,说明进汞曲线的突升与退汞曲线的突降具有较好的对应关系,既然退汞的突降是煤中的细颈瓶孔导致的,那么进汞曲线的突升也应有煤中细颈瓶孔的贡献,进汞的突升现象远较退汞的突降明显,说明造成进汞曲线突升的不仅是煤中的细颈瓶。

图5-2~图5-4分别展示了低、中、高煤级不同变形类型构造煤的压汞曲线,其中不同煤级的曲线之间无明显差异,不同变形类型的曲线与煤变形存在较好的对应关系。总的来说,根据曲线的形态可将研究的23个构造煤样的压汞曲线分成两大类:① 进汞和退汞曲线均呈下凹型;② 进汞和退汞曲线表现出下凹和上凸兼具的特征,即具有突升和突降的特点。

表现为前一类曲线形态的主要有脆性碎裂变形初碎裂煤和块状碎裂煤、全部的剪切变形构造煤及弱韧性变形构造煤,且随着变形程度的增强,退汞和进汞曲线间的开口,即滞汞量和滞汞量占总进汞量的比重均呈增大趋势,如初碎裂煤和块状碎裂煤Ⅰ的滞汞量一般为5~10 mm^3/g,约为总进汞量的15%~25%,块状碎裂煤Ⅱ、片状碎裂煤及鳞片煤Ⅰ的滞汞量及所占比重有一定程度上升,鳞片煤Ⅱ的滞汞量可达20 mm^3/g,占总进汞量的比重可达40%,弱韧性变形煤样的滞汞量及占总进汞量的比重与强剪切变形煤又有一定程度的增加,可见弱的脆性碎裂变形构造煤中的孔隙以封闭孔为主,伴有少量开孔发育,随着变形的增强,构造煤中开孔所占比重逐渐增多,但具有这一类曲线类型的煤样均无细颈瓶孔发育。

表现为后一类曲线形态的主要为脆性碎裂变形碎斑煤和较强及强韧性变形的揉皱煤和揉皱糜棱煤,说明强的脆性碎裂变形和韧性变形有利于细颈瓶孔的发育。对于所研究的样品来说,该类曲线均表现为较大开口和滞汞量的占有率,其大小高于强剪切变形煤样,这与碎斑煤、揉皱煤和揉皱糜棱煤的透气性较低的事实不相吻合,考虑到这类曲线均具有明显的进汞突升现象,且进汞突升要较退汞突降明显,以及碎斑煤、揉皱煤和揉皱糜棱煤的结构遭破坏严重,煤体松软,由此提出,该煤类进汞突升主要是由于进汞的过程中压力是不断增加的,但压力超过煤中结构强度薄弱点的强度极限时,薄弱点煤体破裂,由此将有两种情况发生:一是原本相互孤立的裂隙因此而连通;二是打通了煤中原本完全封闭的孔洞,最终致使进汞量突增和进退汞曲线开口的大幅增加。同时,进汞突升远较退汞突降明显,说明进汞突升主要是由于煤中结构强度薄弱点的破裂所导致的。至于较强韧性变形SY-23的压汞曲线未见有陡升和突降的异常,应是由于其煤化程度较高,且明显高于其他高煤级煤样。

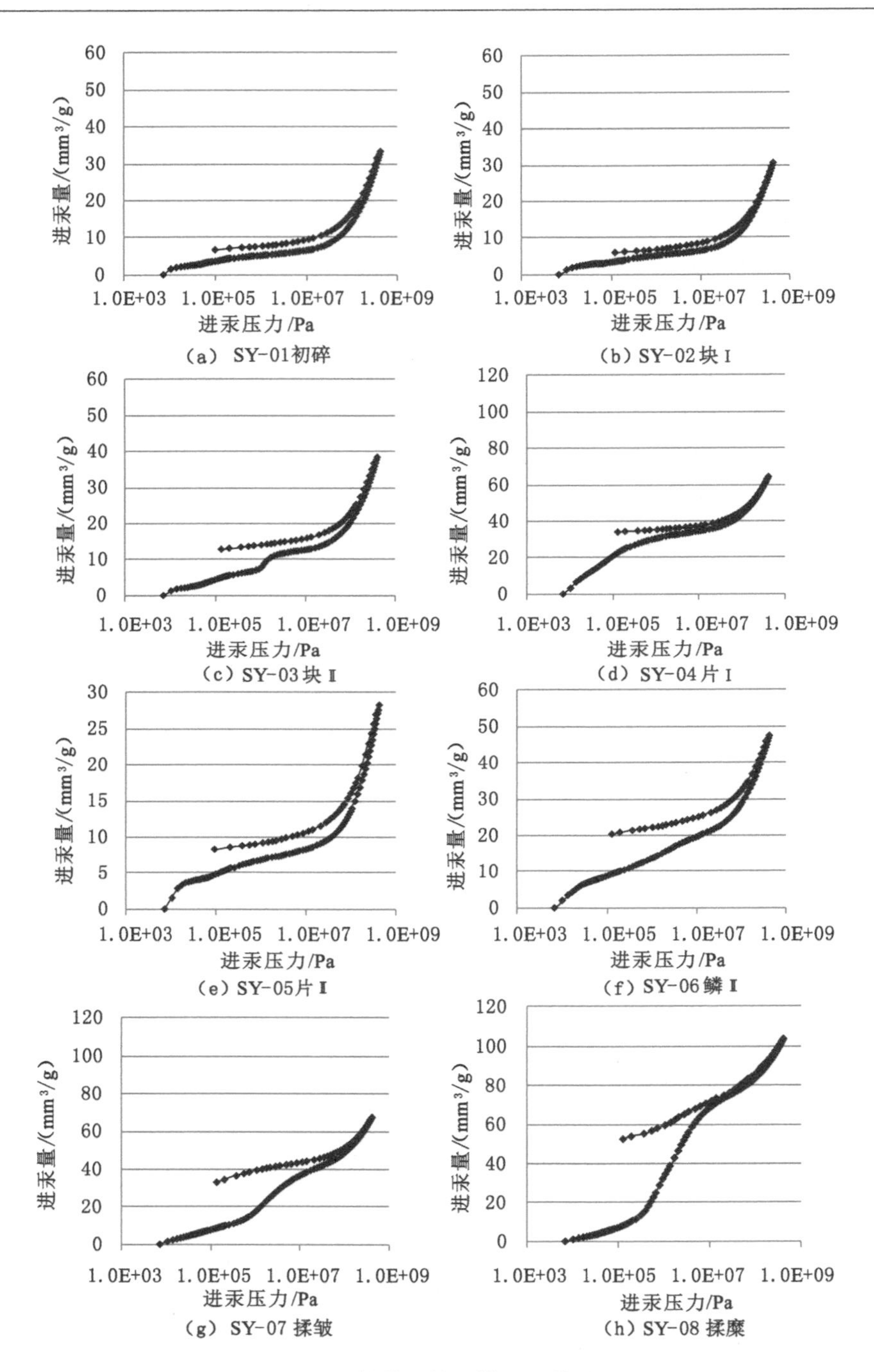

图 5-2 低煤级构造煤压汞滞后环

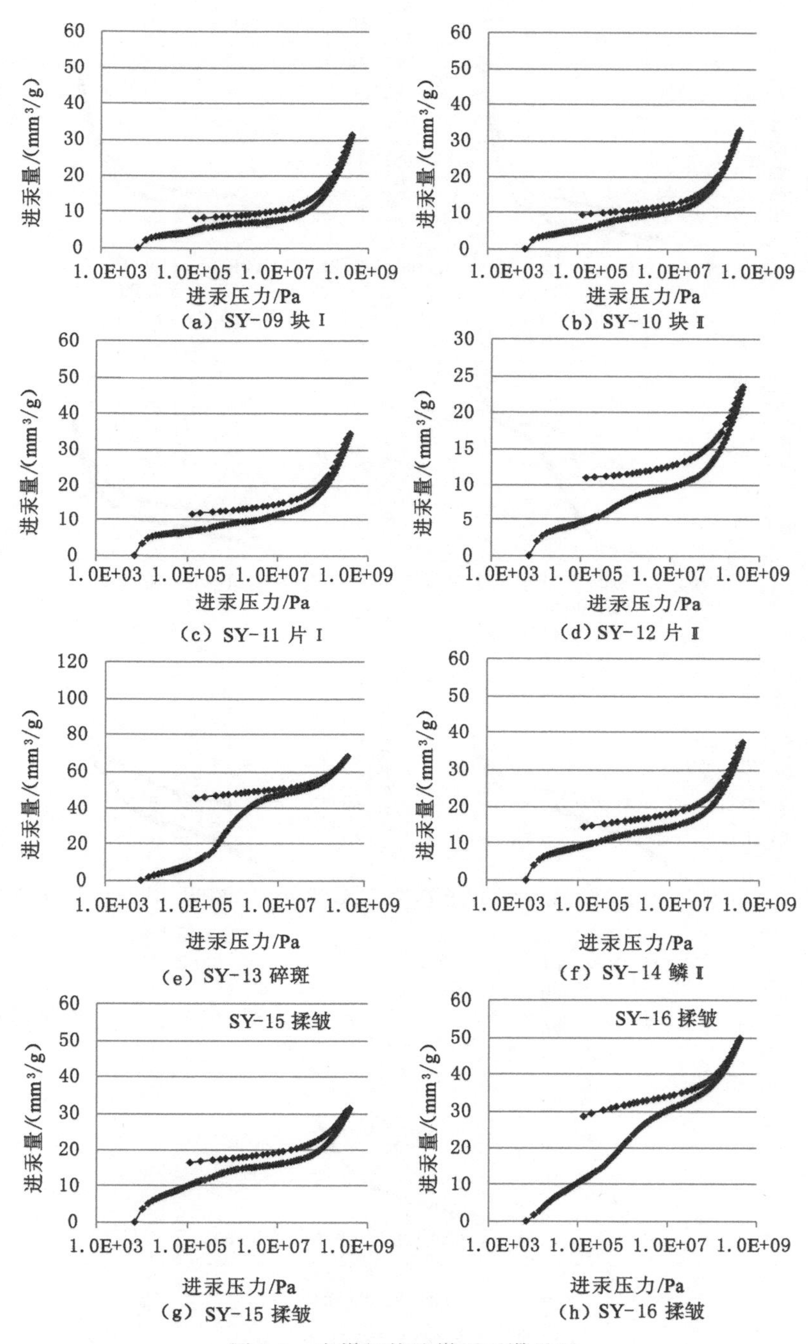

图 5-3 中煤级构造煤压汞滞后环

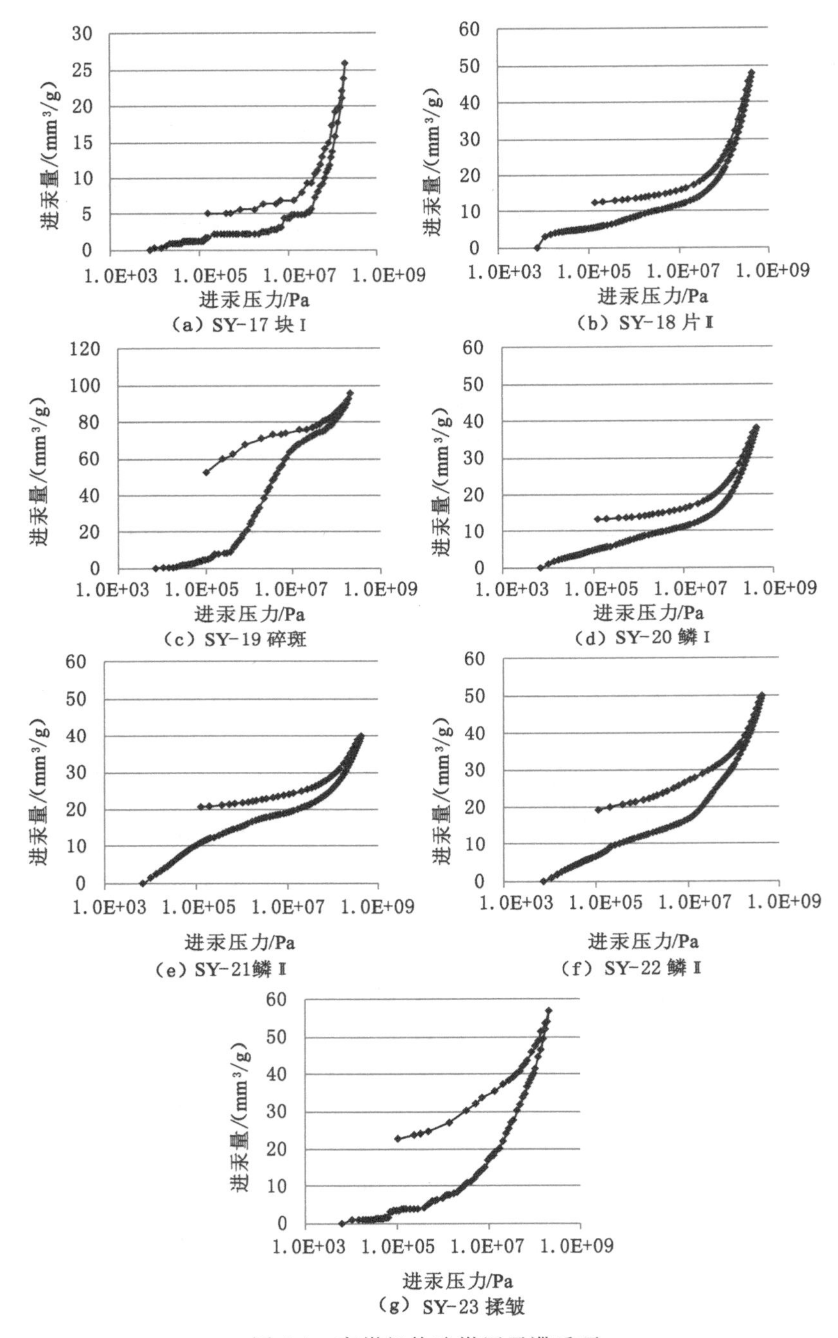

图 5-4 高煤级构造煤压汞滞后环

以上分析表明，构造煤类型不同，所含的各种形态大孔孔隙所占的比重迥异，而大孔为渗流孔，其中开孔的发育程度直接关系到煤层的透气性能。由此，可以根据煤层构造煤类型组成评价其透气性能。弱变形程度的初碎裂煤和块状碎裂煤Ⅰ，孔隙总体不发育且开孔较少，说明弱脆性碎裂变形煤样的透气性较差，与弱脆性碎裂变形煤层具有较好透气性的事实不相吻合，其原因在于实验的局限性，因为此类构造煤受变形影响较弱，节理、裂隙发育稀疏，实验样品取自节理、裂隙间较完整的煤体，而进行压汞测试的仅是其中 2～3 cm 的小块，所以实验样品的透气性差不能说明由其为主要组成的煤层的透气性差，事实上由弱脆性碎裂变形煤样组成的煤层节理、裂隙发育程度较原生结构煤有较大的提高，透气性也较好；强脆性碎裂和较强及强韧性变形为主的煤层，本身开孔不发育，但一定的压力诱导如采掘活动中煤层的突然暴露，可导致孔隙的连通并大幅提高煤层透气性，使得赋存于煤层中的瓦斯在短时间内大量释放，严重威胁矿井的安全生产；其他变形类型构造煤组成的煤层，孔隙和开孔均较为发育，透气性好。

(2) 纳米孔孔隙形态类型

此处提到及后续章节中将要探讨的纳米孔指液氮吸附法测得的孔径为 2～100 nm 的孔隙，包括中孔和 50～100 nm 的大孔，实验所得的吸附曲线可用来研究纳米级孔隙的形态特征。

吸附曲线与压汞曲线一样具有滞后环，即吸附回线，只是基于不同的原理。由吸附和凝聚的理论(De Boer，1958；严继民 等，1986)，当对具有毛细孔的固体进行吸附实验时，随着相对压力的增加，便有相应的开尔文半径的孔发生毛细凝聚，若增压之后再进行减压，将会出现吸附质逐渐解吸蒸发的现象，由于连通的具体形状不同，同一个孔发生凝聚与蒸发时的相对压力可能相同，也可能不同。倘若凝聚与蒸发时的相对压力相同，则吸附等温线的吸附分支与解吸分支重叠；反之，若两个相对压力不同，吸附等温线的两个分支便会分开，形成所谓吸附回线。吸附回线的形态反映了一定的孔形结构情况(琚宜文，2003)。

琚宜文(2003)对于构造煤样吸附回线的研究表明，不同类型构造煤的吸附回线存在较大差异。本次研究表明，构造煤吸附回线的形态不仅与煤变形类型有关，还受煤化程度的影响。

图 5-5～图 5-7 分别展示了不同煤级不同类型构造煤的吸附回线形态，可见不同煤级间存在较大差异，吸附回线和解吸分支出现拐点现象在气煤阶段和无烟煤级阶段都较焦煤阶段发育，同时，无烟煤阶段煤样均具有吸附回线和解吸分支拐点，并在低相对压力处吸附与解吸分支不重叠，从而显著区别于低、中煤级煤样的吸附回线。在实验过程中，无烟煤样品不稳定，一般多次重复测试才能得到合理的结果，尽管如此仍有三个样品结果不理想，分别为 SY-19、SY-21 和 SY-22。

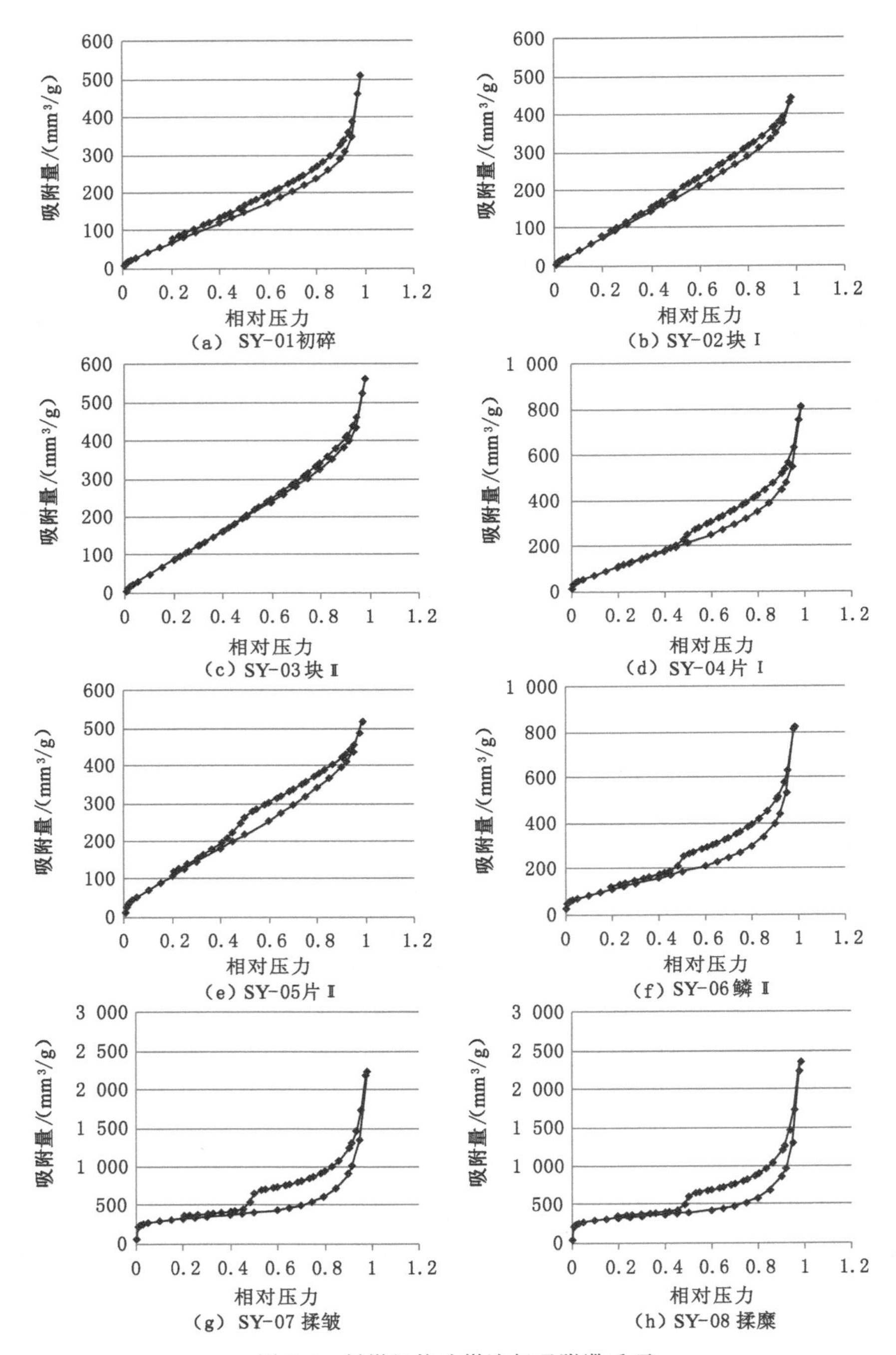

图 5-5 低煤级构造煤液氮吸附滞后环

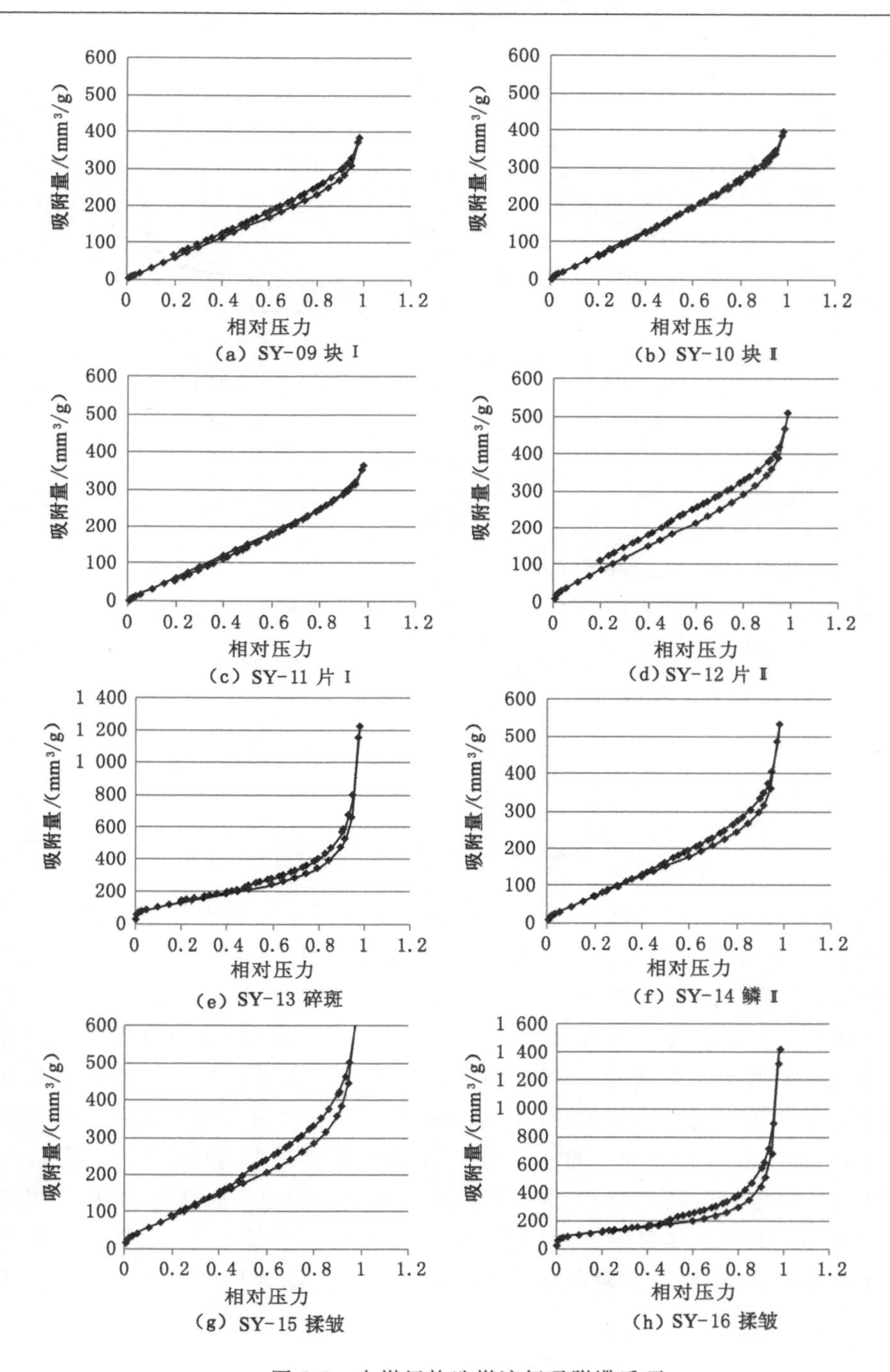

图 5-6 中煤级构造煤液氮吸附滞后环

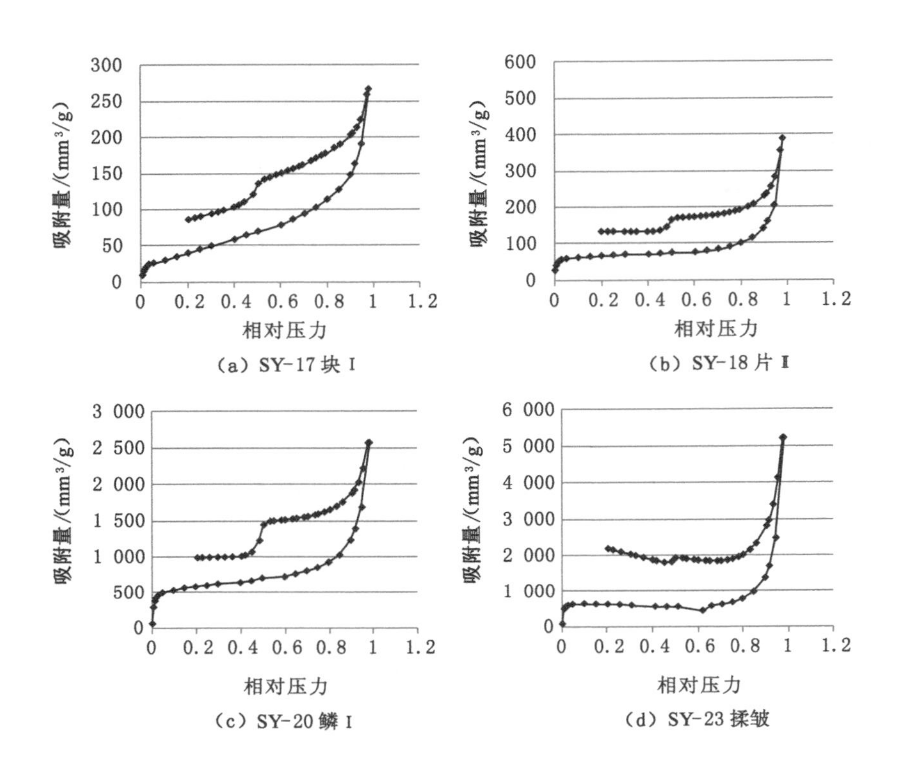

(a) SY-17 块 I　　(b) SY-18 片 II

(c) SY-20 鳞 I　　(d) SY-23 揉皱

图 5-7　高煤级构造煤液氮吸附滞后环

低、中煤级构造煤的吸附回线和解吸分支突变现象均表现为随变形程度增加而愈为明显，如低煤级的初碎裂煤、块状碎裂煤Ⅰ和Ⅱ的吸附与解吸分支仅有小的间隙，且形如直线，只在较大相对压力处表现为小幅的下凹弧状，低煤级其他变形煤类均具有明显的吸附回线和解吸分支突变现象，其吸附分支的下凹程度基本随变形的增强而增大；中煤级弱变形的块状碎裂煤和片状碎裂煤Ⅰ与气煤弱变形样的吸附回线特征相同，片状碎裂煤Ⅱ、鳞片煤Ⅱ和碎斑煤具有较明显的滞后环，但不具备解吸分支的突变现象，中煤级的揉皱煤则具有明显的滞后环和解吸分支突变，同时吸附分支的下凹弧度亦随变形的增强而增大；高煤级煤各构造煤类型均表现为明显的吸附回线和解吸分支突变且低相对压力吸附和解吸分支不重叠的特征，但其吸附曲线的下凹弧度亦存在随变形增强而增大的变化规律。

5.2 吸附/解吸特征

前人的研究表明,煤是一种固体的有机多孔物质,包括微孔、相互连通的大孔和规律性展布的裂隙系统。其中,具有大的内表面积的基质微孔是气体最主要的储集空间,大孔和裂隙对气体储集贡献有限,所以在一定的压力状态下将有大量气体以吸附状态存储于煤体微孔及复杂大分子结构的内部分子空间之中(Thimons et al.,1973;Karacan,2003;Larsen,2004;Romanov et al.,2006;Medek et al.,2006;Yi et al.,2009),煤吸附和解吸性的好坏直接关系到煤层的储气能力和瓦斯从煤层中释放的能力。对于构造煤的吸附和解吸特征,不仅是煤层气开发的重要参考数据,也是判断是否具有煤与瓦斯突出可能的重要指标。

煤的吸附性是一种自然属性,当煤固体表面和瓦斯组成一个体系时,处于两相界面处的气体组分产生积蓄的现象称为吸附;如果气体分子又返回到气相中,则称为解吸或脱附。煤对甲烷的吸附,目前普遍认为属于物理吸附且可采用Langmuir(朗缪尔)吸附模型来进行表征,而其他模型的应用较少(Laxminarayana et al.,1999;于洪观 等,2004)。

Langmuir模型常被称为单分子层吸附理论,是Langmuir(1916)根据汽化和凝聚的动力学平衡原理提出的,其方程简单实用,已广泛用于煤和其他吸附剂对气体的吸附,大多研究煤的等温吸附仪也是遵循这一理论设计的。单分子层吸附理论的基本要点(何学秋,1995;李葵英,1998)为:

(1) 固体表面的吸附能力是因为其表面上的原子力场的不饱和性。当气体分子碰撞到固体表面时,其中一部分就被吸附并放出热量,但是对气体分子的吸附只在固体表面空白位置上发生,当吸附的气体分子在固体表面上覆盖满一层后力场即达饱和,因此吸附为单分子层吸附。

(2) 固体的表面是均匀的,各处的吸附能力是相同的,吸附热是个常数,不随覆盖度变化。

(3) 已被吸附的分子,当其热运动的动能足以克服吸附剂引力场位垒时又会重新回到气相,再回到气相的机会不会受邻近其他吸附分子的影响,即吸附分子之间无作用力。

(4) 吸附平衡是动态平衡。所谓动态平衡,是指吸附达到平衡时,吸附仍进行,相应的解吸(脱附)也在进行,只是吸附速度等于解吸速度而已。

5.2.1 实验设计及样品预处理

本次研究从所选择的23个实验样品中进一步筛选出5个不同变形系列的焦煤样进行等温吸附/解吸测试(表5-2),样品的煤岩煤质实验分析的结果见表5-3。为探讨不同变形系列构造煤的吸附/解吸特征,增强样品间的可对比性,5个样品的实验温度和最高压力保持一致,分别为30 ℃和8 MPa。同时为模拟瓦斯突出情况下瓦斯解吸的性能,将每个解吸点的起始参照室压力均设为大气压,然后再平衡。

表5-2 研究区实验样品基本情况表

煤级	煤样编号	实验编号	系列	构造煤类型	所属矿井	$R_{o,max}$/%	煤层
焦煤	HBM19	SY-09	脆性	块状碎裂煤Ⅰ	海孜矿	1.52	10
	HBM17	SY-13	脆性	碎斑煤	海孜矿	1.63	10
	HBM04	SY-14	脆-韧性	鳞片煤Ⅱ	涡北矿	1.35	8-2
	HBM11	SY-15	韧性	揉皱煤	涡北矿	1.40	8-2
	HBM02	SY-16	韧性	揉皱煤	涡北矿	1.34	8

表5-3 实验样品基础测试结果

实验编号	工业分析/%			元素分析/%					显微组分分析/%		
	M_{ad}	A_d	V_{daf}	$S_{t,d}$	C_{daf}	H_{daf}	N_{daf}	O_{daf}	镜	壳	惰
SY-09	0.66	6.99	21.33	0.41	89.19	4.57	1.62	4.18	80.0	0.0	8.8
SY-13	0.58	14.87	22.24	0.36	87.19	4.14	1.11	7.14	62.0	0.0	32.5
SY-14	0.74	10.82	23.79	0.54	88.64	4.81	1.49	4.45	71.1	10.2	15.8
SY-15	0.70	18.97	23.25	0.30	87.70	4.92	1.45	5.56	86.3	0.0	9.5
SY-16	0.86	13.27	25.54	0.48	87.86	4.75	1.35	5.49	74.7	0.0	22.0

注:M_{ad}—空气干燥基水分;A_d—干燥基灰分;V_{daf}—干燥无灰基挥发分;$S_{t,d}$—干燥基全硫含量;C_{daf}—干燥无灰基碳含量;H_{daf}—干燥无灰基氢含量;N_{daf}—干燥无灰基氮含量;O_{daf}—干燥无灰基氧含量;镜、壳、惰—镜质组、壳质组和惰质组的简称。

实验在中国石油勘探开发研究院廊坊分院进行,采用美国Terra Tek公司生产的IS-100型气体等温吸附/解吸仪。样品的预处理即平衡水样的制备,先用碎样机将实验样品破碎至60目以下，然后用小喷雾器向煤样喷洒蒸馏水，使其预湿。充分混合之后，将预湿煤样平铺在一个低平的敞口盘中，放进温度30℃、相对湿度97%～98%的恒温器中。每天对样品进行称重，直到两天内样品重量基本不变为止，这个过程大约持续4天。

制作平衡水样品是为了精确测定煤样对气体的吸附量。因为当煤中的水分含量低于平衡水分时，它对气体的吸附量随着水分的增加而降低，但当煤中水分含量大于或等于平衡水分时，吸附量不再随水分的增减而变化。平衡水煤样的等温吸附实验结果是在目前技术条件下最接近于原位地层条件的实验结果（琚宜文，2003）。

5.2.2 实验过程

首先，根据质量守恒定律，采用容量法，用不被煤吸附的氦气作为测量气体，测出参照室、样品室外和自由空间的体积（琚宜文，2003）。

在将煤样装入等温吸附仪的样品室以前，要精确测定参照室和样品室的体积。使等温吸附测试装置在设定测试温度的油浴中达到热平衡后，即可开始进行参照室和样品室的体积测定，需要重复测定3次，测试结果的偏差应在±0.10%范围内。

将平衡水煤样装入样品室后，需要测定样品室的自由空间。在每一种气体的吸附实验之前，都要进行自由空间的测定。首先，使装入煤样的样品室在油浴中达到温度平衡，然后使用氦气测定自由空间体积，重复测定4次，使测试结果稳定可靠。

自由空间测试完成以后，将氦气放掉，即可开始吸附实验。对于吸附实验，要求测定5个压力点，压力点的间隔设计为等间距，使实验从大气压力向设计的最高压力平稳增加。每一个压力点达到平衡的时间一般为12 h，然后再增压到下一个压力点。解吸实验与上述过程相反，将压力以一定间隔降低，在每一个压力点上达到平衡之后，再减压到下一个压力点。解吸实验要求测定9个压力点。

5.2.3 煤吸附特征

在实验温度为30 ℃、最高压力约8 MPa条件下，对5个不同变形类型焦煤样进行甲烷等温吸附实验。结果表明，不同变形类型构造煤的吸附特征存在明显差异，主要表现为等温吸附曲线形态特征及朗缪尔体积和压力的不同。

实验结果见表5-4。根据每个被测样品各平衡压力点的吸附量绘制各样品等温吸附曲线（图5-8），曲线形态可分为三类：Ⅰ类曲线吸附量存在最大值，当压力高于一定的值时吸附量开始下降[图 5-8(a)]；Ⅱ类曲线形态表现为随压力增加的持续上升[图 5-8(c)、(d)]；Ⅲ类曲线表现为低压段上升、高压段变化不大[图 5-8(b)、(e)]。不同的曲线形态反映了样品不同的吸附甲烷的能力，出现吸附量下降的Ⅰ类曲线所代表的样品的吸附能力较差，吸附量持续明显上升的Ⅱ类曲线所代表的样品吸附能力较强，而高压段基本持平的Ⅲ类曲线所代表样品的吸附能力居中。其中，表现为Ⅰ类曲线的样品 SY-09 的朗缪尔体积最低为 7.63 m^3/t，表现为Ⅱ类曲线的样品 SY-14 和 SY-15 的朗缪尔体积最高为 14.91 m^3/t 和 20.75 m^3/t，而表现为Ⅲ类曲线的样品 SY-13 和 SY-16 的朗缪尔体积居于中间，分别为 12.83 m^3/t 和 12.89 m^3/t，进一步证实了以上论断。

表 5-4　构造煤甲烷吸附实验结果

SY-09(块Ⅰ)		SY-13(碎斑)		SY-14(鳞Ⅱ)		SY-15(揉皱)		SY-16(揉皱)	
压力/MPa	吸附量/(m^3/t)	压力/MPa	吸附量/(m^3/t)	压力/MPa	吸附量/(m^3/t)	压力/MPa	吸附量/(m^3/t)	压力/MPa	吸附量/(m^3/t)
0.21	1.23	0.19	1.65	0.26	1.92	0.22	1.94	0.27	2.07
1.21	3.92	1.16	5.60	1.13	6.03	1.30	7.49	1.21	6.26
2.68	5.54	2.66	8.23	2.42	8.87	2.95	11.32	2.74	8.98
4.28	6.71	4.34	10.15	3.88	10.24	4.73	14.16	4.13	10.29
5.99	6.86	6.14	10.82	6.29	11.74	6.61	15.48	6.93	10.93
8.17	6.53	8.39	10.84	8.56	12.46	8.76	16.53	8.73	11.10
V_L=7.63 m^3/t p_L=0.99 MPa		V_L=12.83 m^3/t p_L=1.35 MPa		V_L=14.91 m^3/t p_L=1.7 MPa		V_L=20.75 m^3/t p_L=2.26 MPa		V_L=12.89 m^3/t p_L=1.27 MPa	

注：表中所示吸附量均经过干燥无灰基校正。

结合所测煤样的变形类型，表现为Ⅰ类曲线的是块状碎裂煤Ⅰ，表现为Ⅱ类曲线的是鳞片煤Ⅱ和弱韧性变形揉皱煤 SY-15，表现为Ⅲ类曲线的是碎斑煤和较强韧性变形揉皱煤 SY-16，可见构造煤的吸附能力随变形的增强而显著增加。

同时，朗缪尔压力随煤变形的变化表现出与朗缪尔体积相同的规律，即低变形程度 SY-09 只有 0.99 MPa，随变形增强大幅增大至 1.7 MPa 和 2.26 MPa，进一步的变形导致朗缪尔压力下降至 1.35 MPa 和 1.27 MPa。

5.2.4　解吸特征

将每个解吸点的起始参照室压力均设为大气压的情况下，构造煤的解吸特

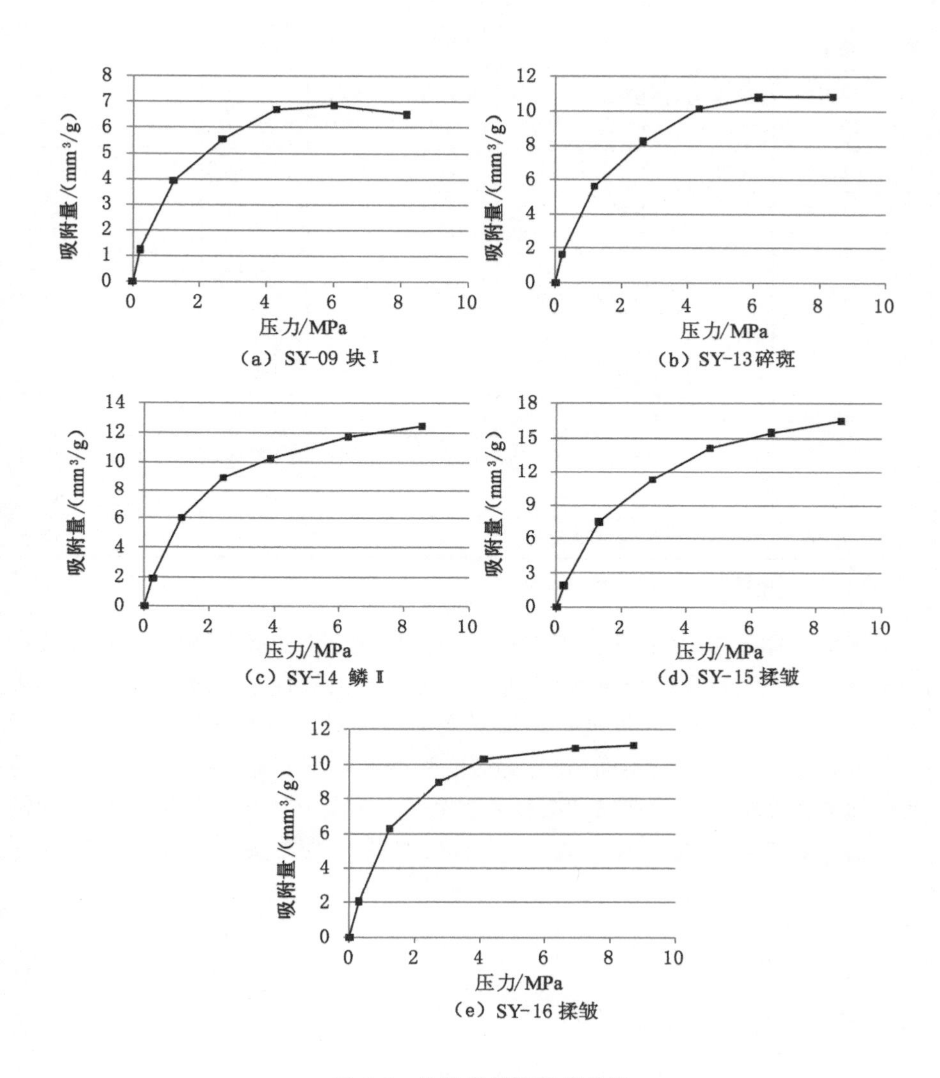

图 5-8 构造煤等温吸附曲线

征表现为两种类型(表 5-5)：Ⅰ类解吸出现负值，即解吸过程中吸附量先增加到一定的值后再逐渐减小，解吸结束时样品的吸附量与吸附时的最大吸附量相当甚至更大；Ⅱ类解吸吸附量随压力的降低逐渐减小，且相同压力下对应的解吸曲线和吸附曲线上的吸附量相当。这两种解吸类型分别代表差和较好的解吸性能。

表 5-5 构造煤甲烷解吸实验结果

SY-09(块Ⅰ)		SY-13(碎斑)		SY-14(鳞Ⅱ)		SY-15(揉皱)		SY-16(揉皱)	
压力/MPa	吸附量/(m^3/t)	压力/MPa	吸附量/(m^3/t)	压力/MPa	吸附量/(m^3/t)	压力/MPa	吸附量/(m^3/t)	压力/MPa	吸附量/(m^3/t)
8.17	6.53	8.39	10.84	8.56	12.46	8.76	16.53	8.73	11.10
5.53	8.84	5.62	12.25	5.48	10.21	5.29	20.42	5.48	10.52
3.75	10.03	3.77	12.72	3.56	9.54	3.27	20.90	3.56	9.83
2.57	10.63	2.56	12.70	2.36	8.33	2.07	20.56	2.36	8.58
1.80	10.61	1.79	12.13	1.61	7.25	1.40	19.54	1.61	7.47
1.28	10.48	1.28	11.66	1.13	6.34	0.97	18.77	1.13	6.53
0.93	10.24	0.94	11.05	0.83	5.60	0.72	17.96	0.83	5.77
0.71	9.97	0.72	10.45	0.62	4.96	0.54	17.31	0.62	5.11
0.56	9.70	0.56	9.99	0.50	4.32	0.43	16.80	0.50	4.45
0.45	9.46	0.46	9.58	0.36	3.90	0.37	16.37	0.36	4.02

注:表中所示吸附量均经过干燥无灰基校正。

本次实验样品中,块状碎裂煤Ⅰ SY-09、碎斑煤 SY-13 和弱韧性变形揉皱煤 SY-15 表现为Ⅰ类解吸特征,鳞片煤Ⅱ SY-14 和较强韧性变形揉皱煤 SY-16 表现为Ⅱ类解吸特征,可见不同变形环境和变形程度对构造煤在煤与瓦斯突出时表现出的解吸性能的影响不同,脆性碎裂变形的影响不明显,达到一定强度的剪切变形和韧性变形促进构造煤解吸性能的提高,即强剪切变形和强及较强韧性变形构造煤具有较好的解吸性能,而实验研究的其他类型构造煤的解吸性能较差。

第 6 章　耦合变质的瓦斯效应

本章拟综合分析构造煤结构演化和瓦斯特性的研究成果，深入地探讨煤热-动力耦合变质演化机理及对瓦斯特性的控制作用。

6.1　耦合变质机理

煤是由复杂的大分子化合物构成的有机岩石，其结构主要包括大分子结构（化学结构）和物理结构（琚宜文，2003）。Grimes（1982）认为，煤的化学结构是煤的芳香层大小、缩合程度、芳香性、杂原子量、侧链和官能团特征以及不同结构单元键合类型和作用方式的综合反映；煤的物理结构则是这些复杂的有机大分子携带少量低分子化合物在空间上的排列和组合特征。煤的分子结构表现为对煤化程度的强响应，随着煤级的增高，煤中脂族和各类杂原子官能团结构成分不断热解和减少，缩合芳香体系的芳构化和缩合程度逐渐增高，芳香层的定向性和有序化明显增高，芳香层叠置、集聚形成芳香环叠片。Hirsch（1954）将煤的结构演化划分为三个阶段：① 当碳含量小于 85%时，呈现“开放结构”，芳香层通过交联杂乱排列；② 当碳含量在 85%～91%之间时，具有“液态结构”，不少交键断裂，芳香层出现一定程度的定向；③ 当碳含量大于 91%时，具有“无烟煤结构”，芳香层与煤的孔隙均发生明显定向。可见，不同变质程度煤分子结构组成相去甚远，必然导致应力作用下变形特征的差异。

本书所选构造煤样分别为气煤、焦煤和无烟煤，分属于低、中、高三个煤级，分别对应于 Hirsch（1954）对煤结构划分的三个阶段。

6.1.1　深成气煤十动力耦合变质演化机理

不同变形环境下形成的构造煤的宏观、微观和分子结构存在显著差异，归结于不同的变形类型对煤结构作用的机理不同。

6.1.1.1　脆性碎裂变形

宏观和微观层面以不同程度节理和裂隙的发育为主要特征，至于分子结构层面，脆性碎裂变形有助于气煤中大分子交链的断裂，从而增加不成对电子数量，表现为随变形程度增加自由基浓度的小幅增长。键的断裂和生成是一个动态的过程，不成对电子数量的增加必然促进新键的生成，形成新的芳香族或脂肪族化合物，这在一定程度上促进了气煤芳构化的进程，表现在代表苯环骨架振动的K峰吸收率有所增加。同时，脆性碎裂变形过程中还伴随有代表脂肪族CH_2和CH_3振动吸收率和杂原子团SO_2—C—O—C振动吸收率的增加，其原因应与脆性碎裂变形导致的分子键断裂和重新键合有关；脆性碎裂变形还有助于EPR结构的线宽（ΔH）和兰德因子（g）的变宽和增加。此外，由XRD实验获得的气煤样芳香层面网间距（d_{002}）和堆砌度（L_c）随脆性碎裂变形变化不大可知，脆性碎裂变形无助于气煤样煤晶核的生长。

6.1.1.2　韧性变形

韧性变形是一定温压条件下强应力作用的结果，不仅极大地改变了煤体宏观和微观结构形态，形成揉皱等韧性变形，温压条件的进一步增强还可致使煤体糜棱化，这个过程中还伴随着煤体分子结构层面上的变化。较强的韧性变形使煤中大量大分子链断裂，表现为对应的自由基浓度大幅增加，但在分子链断裂的同时也伴随着不成对电子的重新键合，只不过较强的韧性变形更有利于键的断裂。随着温压条件的增强，煤中不成对电子增多，使得不成对电子的键合作用大为增强，重新生成新的脂肪族或芳香类分子，致使煤中不成对电子又大幅减少，芳构化进程大为增加，表现为强韧性变形的糜棱煤的自由基浓度大幅降低，而K峰的吸收率则明显增加。至于对煤晶核的影响，数据显示这在一定程度上为煤晶核的生长创造了有利条件，表现为芳香层面网间距（d_{002}）有所减少、堆砌度（L_c）有所增加。此外，韧性变形与脆性碎裂变形一样促进D、F和R峰吸收率的增加，而对线宽（ΔH）变宽起抑制作用，对于兰德因子（g）则表现为较强韧性变形的大幅促进，随变形增加却变化不大。

6.1.1.3　剪切变形

剪切变形宏观和微观上表现为一组优势节理或裂隙的密集发育，应力作用具有方向性强的特点，这有利于煤中大分子的有序化，从而促进芳环稠合、煤晶核的生长。正常情况下，低煤级煤的煤化作用仅为芳构化，可见剪切应变作用加快了低煤级煤煤化程度进程，这可由XRD实验获得的芳香层面网间距（d_{002}）和堆砌度（L_c）随剪切变形增强而明显减少和增大现象予以证实，而且强的剪切应变的影响更为突出。毕竟低煤级煤化学结构为“开放结构”，芳香层通过交联杂乱排列，虽然定向应力作用大大促进了芳环的缩合，变形作用仍导致不规则分子结构化学键的大量断裂，表现为自由基浓度的增加，其增加幅度仅次于较强的韧性变形造成的自由基浓度的升高。与韧性变形不同的是,剪切应变的增强并没有导致自由基浓度的降低,而是继续升高,说明剪切应变的加强虽增强了芳环的缩合,在一定程度上抑制了不成对电子的增加,但其重新键合作用应远不及韧性变形的,使得自由基浓度的持续升高,同时剪切变形煤样的 K 峰吸收率介于韧性变形和脆性碎裂变形之间,说明剪切应变下不成对电子的芳香化重构不及韧性变形作用。剪切应变作用,对 R 峰吸收率与脆性碎裂和韧性变形一样起促进作用,且增大幅度最高,而对 D、F、M、N 和 A 峰的吸收率则都表现为抑制作用,值均小于其他变形类型构造煤,其原因应是剪切作用导致的煤中芳环缩合作用增强造成的。此外,剪切应变煤样的 U、V 和 W 峰的吸收率均明显高于其他变形类型,且不同剪切变形程度构造煤之间变化不大,说明剪切应变环境有助于苯环上 CH 振动,剪切应变对线宽(ΔH)变宽和兰德因子(g)的影响则表现为对前者的抑制和对后者的先大幅促进后影响不明显。

6.1.2 深成焦煤+动力耦合变质演化机理

中煤级煤芳香层虽出现一定程度的定向,但总体定向性仍很差,与低煤级煤类似,含氧官能团、侧链、桥键、氢键较多,结构比较松散,微晶中叠合芳香层片较少(曹代勇 等,2022)。故中煤级构造煤结构演化与低煤级有一定的相似性,但也存在较大的差异。

6.1.2.1 脆性碎裂变形

焦煤的脆性碎裂变形在宏观和微观上与气煤样相似。分子层面上,弱和中等变形程度脆性碎裂变形对煤大分子结构和煤晶核的影响不大,仅在一定程度上有助于大分子结构的断裂,表现为自由基浓度的小幅增加。强脆性碎裂变形,可造成大分子结构的大量断裂和官能团的脱落,表现为自由基浓度的大幅升高、羧基碳与羰基碳含量和芳甲基碳与脂甲基碳含量的降低,然而不成对电子重新键合的现象不明显,表现在强脆性碎裂变形 $f_{al}^{*,1,2}$ 仅有小幅增加,说明即使是强的脆性碎裂变形,对煤的芳构化和缩合化影响也不大,相反对煤晶核的生长起抑制作用,表现在强碎裂变形煤堆砌度(L_c)的大幅减小,其原因在于强的脆性碎裂变形增强了煤中大分子结构的无序化程度,从而抑制煤化程度的提高。此外,脆性碎裂变形还可以导致线宽(ΔH)和兰德因子(g)的变宽和降低、f_{al}^{O} 的小幅增加、R 峰吸收率的小幅增加,强的脆性碎裂变形还明显抑制 M 和 N 峰的吸收率。

6.1.2.2 韧性变形

韧性变形焦煤样的宏观和微观特征、大分子结构的演化与气煤样也具有一定的类似性,较大程度地促进煤中大分子结构断裂和官能团的脱落,表现在弱韧性变形煤样自由基浓度的大幅升高及 f_a^S 和 $f_a^{COOH,C=O}$ 的明显降低。然而,较强的韧性变形又使得自由基浓度大幅下降,其原因应为温压条件的增强、自由基浓度的升高为不成对电子的重新键合提供了有利条件,但不能确定重新生成的是脂肪族还是芳香族化合物。而焦煤中 $f_{al}^{*,1,2}$ 随韧性变形的增强均表现为大幅明显增加,K 峰吸收率却变化不大,说明由弱的韧性变形到较强的韧性变形键合作用以形成新的脂类化合物为主,这对煤晶核的生长影响不大,表现为韧性变形焦煤样 XRD 结构参数变化不大,面网间距(d_{002})甚至表现为随变形增加的增大趋势。此外,韧性变形还可以导致线宽(ΔH)和兰德因子(g)变宽和增大,f_{al}^O 的小幅下降,U、V、W、A 和 R 峰吸收率有同程度增加,强的脆性碎裂变形还明显抑制 D、F、M 和 N 峰的吸收率。

6.1.2.3 剪切变形

中煤级的剪切变形在宏观和微观上的表现与低煤级相同,分子结构层面上具有一定的共性,也存在差异。剪切作用同样在较大程度上促进大分子结构断链和官能团的脱落,表现在弱的剪切应变即促进自由基浓度的大幅增加和剪切作用下 f_a^O 和 $f_{al}^{a,3}$ 的逐渐减少。然而,随着剪切变形的增加,自由基浓度增幅不大,至强剪切反而有小幅的下降,说明剪切应变的增强促进了键合作用,强剪切变形焦煤样 $f_{al}^{*,1,2}$ 的大幅增加证实了以上推论。但以上对韧性变形作用分析的结果表明,键合成脂链对自由基浓度的减少影响不大,注意到强剪下 U、V 和 W 峰吸收率的明显下降,反映了独立芳环的减少,同时也可以理解为芳环缩合程度的增加,结合强剪下自由基浓度下降,且键合成脂链对自由基影响不大的事实。可见,强烈的剪切作用不但促进不成对电子重新键合成脂链,而且增强了煤中芳香环缩合作用,这也使 f_a^S、f_a^O 和 $f_a^{COOH,C=O}$ 仅在强剪应变作用下明显降低得以完好地解释。对于气煤样的讨论表明,强剪切作用同样促进低煤级煤中芳香环缩合的进程,但其自由基随变形的增强依旧明显增大,说明强烈剪切作用更有利于中煤级芳香环缩合作用。中煤级剪切应变对煤晶核生长的影响较为显著,促进面网间距(d_{002})减小和堆砌度(L_c)的增大。此外,剪切变形还可以导致线宽(ΔH)和兰德因子(g)的变宽和降低、f_{al}^O 的小幅下降,强剪还可致使 A 峰吸收率的大幅增加,剪切应变对 R 峰的影响则表现为中等变形程度剪切作用下的小幅下降和强剪下的明显上升。

6.1.3 深成焦煤+动力+岩浆耦合变质演化机理

不同类型变形对高煤级煤的影响在宏观和微观上的表现与对应的对低、中煤级煤相近，但在分子结构层面则截然不同。不同变形环境对无烟煤分子结构的影响较为一致，除芳香层面网间距（d_{002}），各变形环境下形成的构造煤的堆砌度（L_c）和自由基浓度均随变形降低，K峰吸收率随变形增强而增加，堆砌度（L_c）的降低表明构造应力抑制了芳香层片重向上的生长，自由基浓度的降低表明应力促进了煤中不成对电子的键合超过对断键的促进作用，K峰吸收率的增加可解释应力作用在一定程度上破坏了芳香层片的完整性，这一点可由图4-22中K峰吸收率的演化趋势图得以佐证，K峰的吸收率在气煤和焦煤阶段变化不大，但在无烟煤阶段却明显减小，由此可推断芳环层片的高度有序化反而不利于芳环的骨架振动，致使K峰吸收率大为降低。综合以上大分子结构特征，变形作用导致了无烟煤芳香层片的垂向和横向上的分解，降低了芳香环的有序化程度，这与低、中煤级变形对煤中大分子结构的影响截然不同。其原因在于，无论是深成还是岩浆热变质，如果没有动力变质的干扰，本应向着有序化增高的方向演化，所以夹持于其间的动力变质干扰是导致研究区无烟煤级构造煤大分子结构异常的关键所在。

深成变质作用阶段，煤大分子结构有序化的方向是与上覆地层压力方向垂直的，即为近水平方向，变质程度演化至焦煤，已具备了一定的定向性；动力变质作用阶段，因为是受到了水平方向挤压应力的影响，导致大分子有序化朝着新的与原方向垂直的方向进行，从而打乱了原有的演化秩序，且韧性和剪切应力-应变环境的影响强于碎裂作用，变形程度越强影响越大；接下来的岩浆热变质作用过程，让大分子有序化进程继续，至于朝着哪个方向，则取决于岩浆热作用过程中样品所受的差异应力是上覆地层重力为主还是构造应力为主，但不管如何，动力变质的加入打乱了大分子有序化节奏，必然使得其大分子有序化的各项指标低于正常热变质演化序列煤，且动力变质作用越强影响越大。

由此不难理解，动力变质作用导致自由基浓度的降低和U、V、W、D、F峰吸收率的增加，尤其是在较强韧性和强剪作用环境下。可见，构造变形总体抑制了高煤级煤晶核的生长，但中等和强的剪切应变作用，由于其持续的定向应力而促进煤晶核面网间距（d_{002}）的减小。此外，脆性碎裂变形还造成无烟煤中线宽（ΔH）的小幅变窄，A峰吸收率的增加及R峰吸收率的小幅减小；韧性变形造成了线宽（ΔH）的小幅变宽，A峰吸收率的增加及R峰吸收率的大幅减小；剪切变形造成了线宽（ΔH）的变宽，A峰吸收率的增加，对R峰吸收率的影响表现为中等变形程度剪切作用下的小幅上升、较强剪切作用下的小幅下降和强剪切作用下的大幅下降。

6.1.4　小结

综上所述，耦合变质对煤宏观和微观结构演化的影响不明显，对分子结构演化的影响较为显著，其中，低、中煤级深成变质叠加动力变质作用的分子结构演化机理具有一定的共性。脆性碎裂变形对气煤和焦煤的影响主要表现在宏观和微观上的碎裂变形，中等变形程度的脆性碎裂变形对煤体分子结构影响不大，仅有助于大分子链的断裂，对不成对电子的重新键合和煤晶核的生长影响不大，即使是强的脆性碎裂变形，也只是增强了对大分子结构的破坏，形成大量的不成对电子，但对不成对电子的重新生成影响不大，同时还抑制了煤中芳香层片的垂向发育；韧性变形除致使低、中煤级煤形成揉皱等宏观和微观的韧性变形外，还有利于促进煤中大分子链的断裂、官能团的脱落和不成对电子重新键合形成新的脂类或芳香类化合物，韧性变形较弱时主要表现为键合成脂类，随着变形的增强、温压条件的增高，强的韧性变形大大促进煤中芳构化进程，但对芳环的进一步缩合影响不大，韧性变形整体对低、中煤级煤晶核的生长影响有限，只在一定的程度上促进其生长；剪切变形对低、中煤级煤的影响，在宏观和微观上表现为优势节理和裂隙的发育，分子结构层面上和韧性变形一样，极大促进了大分子链的断裂、官能团的脱落以及不成对电子重新键合，弱变形时的键合以形成脂类为主，随着变形增强芳构化和芳香环的缩合作用，尤其是后者得以增强，而且焦煤阶段的芳构化和芳香环的缩合作用要强于气煤阶段。剪切变形对低、中煤级煤晶核的生长均表现为明显的促进作用。

深成＋动力＋岩浆耦合变质的分子结构演化机理则截然不同，其关键在动力变质环境，不同变形环境的影响表现出极大的共性，即干扰了煤正常的热变质演化序列，芳香层片垂向和横向上的完整性明显低于正常热演化无烟煤，在一定程度上降低了芳香结构的有序化，尤其是韧性变形和强的剪切变形的促进作用更为显著。

6.2 耦合变质的孔隙效应

不同耦合变质类型构造煤的结构特征对煤的孔隙性具有显著的控制作用。

6.2.1 孔容和比表面积

构造煤孔容和比表面积具有强的对应性，随变形类型和程度的改变呈现出相近的变化趋势，说明构造煤结构演化对孔容和比表面积的控制作用类似，故此处以孔容为例深入探讨结构演化对不同孔径级别下孔容和比表面积的控制机理。

6.2.1.1 大孔

煤中大孔孔容受变形作用影响较大，且不同类型的变形影响也存在一定差异。脆性碎裂变形对大孔孔容的影响表现为：无论变质程度的高低，弱或中等的脆性碎裂变形均对大孔的增加影响较小，仅使大孔孔容小幅增大，而强烈的脆性碎裂变形可以极大地促进大孔径孔隙的发育，使孔容大幅增大；韧性变形对大孔孔容增大亦起促进作用，但不同煤级下随变形增强孔容增大的程度存在差异，随着煤级的增高，大孔孔容随变形增强的增幅逐渐下降，气煤阶段表现为大幅增加，焦煤时仍增加明显，无烟煤阶段仅有小幅的增大；剪切变形对大孔孔容的发育具有促进作用，随变形增强孔容增大的幅度要明显低于强的脆性碎裂变形和低、中煤级的韧性变形所导致的孔容的增大，但存在弱剪切变形的异常，气煤级表现为片状碎裂煤Ⅰ的大孔孔容高于强剪切变形鳞片煤Ⅱ，焦煤时表现为片状碎裂煤Ⅰ与片状碎裂煤Ⅱ的大孔孔容相当。

可见，煤中大孔孔容总体上随变形的增强而增大，其中强脆性碎裂的影响最为显著，其次为韧性变形，剪切变形影响相对最小，其原因是：大孔是孔径大于50 nm的孔隙，包括煤中节理和裂隙形成的空间，而不同类型的变形作用均有助于煤中节理和裂隙的发育，且发育程度随变形增强而增大，使大孔孔容随之增加。其中，脆性碎裂煤形成的应力环境围压较小，有利于节理和裂隙的张开，而韧性变形环境是以一定的温压条件为主要特征的，故其孔隙的发育不及强的脆性碎裂变形，剪切应力则因其定向性的应力作用，有利于构造煤碎裂的有序化排列，即使是强的剪切应变作用，大孔孔容亦只有小幅的增加。至于韧性变形环境下孔容随煤级升高增幅下降的情况，说明中、高煤级煤在韧性环境下不利于节理和裂隙的发育；而弱剪切变形下孔容的异常增大，可能是由于在形成过程中受剪切变形和脆性碎裂变形作用双重影响的结果。

6.2.1.2 中孔

中孔孔容随煤变形的变化较为复杂，不仅不同变形环境下形成构造煤样的中孔孔容变化规律不同，除脆性碎裂变形环境外的其他同一变形环境下形成的构造煤的不同煤化程度之间也存在较大的差异。中孔孔容随脆性碎裂变形程度增加的变化规律受煤化程度影响不大，整体上表现为弱及中等变形程度的脆性碎裂变形下的小幅增大、强的脆性碎裂变形下的大幅增加；中孔孔容随韧性变形增大，低煤级下表现为较强韧性变形下的大幅增大后至强韧性变形变化不大，并表现出微弱的下降趋势，中煤级下表现为至弱韧性变形和较强韧性变形的明显增加；无烟煤阶段表现为至较强韧性变形的大幅增加；中孔孔容随剪切变形程度增加，低煤级下除弱变形程度片状碎裂煤Ⅰ异常高外，表现为明显增大的趋势，中煤级下表现为弱和中等变形程度小幅增大，至强变形变化不大且有小幅的下降趋势，高煤级表现为至较强变形的大幅增大和强变形的大幅下降。

中孔孔容随煤变形的变化之所以如此复杂，是因为中孔主要由煤中的大分子结构堆叠形成的较大的孔隙组成，表现出受煤变形和煤化程度共同作用的结果。煤化程度对中孔孔容的影响表现在：煤化程度的增大对应于煤中大分子有序化程度的增高，导致中孔孔容的降低。对比不同煤级弱脆性碎裂变形煤样的中孔孔容，气煤为 0.781 mm^3/g，焦煤时减至 0.591 mm^3/g，至无烟煤时只有 0.363 mm^3/g，印证了以上推论。变形对中孔孔容的影响随变形环境的不同而存在较大差异。

脆性碎裂变形可以使大分子链或芳环片层断裂，增大煤中分子结构的杂乱程度，尤其是强脆性碎裂变形导致大量分子链或芳环片层断裂，使煤中分子结构杂乱程度大幅提高，致使中孔孔容在弱和中等变形时小幅增大，而在强变形时大幅增大。弱和较强的韧性变形煤均使得煤中大量大分子链或芳香层片断裂，大幅提高煤中分子结构的无序程度，致使其对应的中孔孔容均有明显或大幅增加。然而对气煤而言，随着温压条件的进一步增强，煤中芳构化作用逐渐占据主导，使得支链合成芳环，造成煤中支链的大幅减少，这有助于煤中分子结构的有序化进程，从而使得强韧性变形气煤的中孔孔容相对于较强变形不但没有增强，反而有微小幅度的下降。

剪切变形在低、中煤级极大促进了大分子链的断裂，有利于煤中分子结构无序化的发展，但定向的应力作用又有利于煤中大分子的有序化，且这种影响随变形的增强而增强，芳构化和芳香环的缩合作用也随之增强，尤其是后者，而且焦煤阶段的芳构化和芳香环的缩合作用要强于气煤阶段。可见，低、中煤级剪切变形过程中分子结构的无序化和有序化两个进程是同时存在的。对于气煤，由于芳构化和芳香环缩合化作用较弱，即有序化随变形增强变化不大，致使其中孔孔容随变形的增加而增大，至于片状碎裂煤Ⅰ异常增高，应是由于其受脆性碎裂和剪切变形叠加的结果。焦煤样由于芳构化和芳香环缩合化作用较强，即有序化随变形增强而增强，致使其中孔孔容随变形的增强先小幅上升后小幅下降。无烟煤阶段也表现出两种作用的共同影响，中孔孔容先增后减，但变化的幅度远大于低、中煤级，其原因在于无烟煤具有较高的有序化，但由于起初芳香层片的延展方向与剪切的定向应力不一致，而十分有利于芳香层片的断裂，导致煤中分子结构无序程度大幅增加。然而，芳香层片断裂的同时，断键形成的和煤中原有的自由电子在定向应力方向上的重新键合也在进行，这有利于煤中分子结构的有序化，且定向的键合作用随着剪切应力的增加而增强，断键作用则由于分子在应力方向上的重排而被削弱，当应力增大到一定程度，煤中分子结构将表现为有序化程度的逐渐提高，所以中孔孔容表现为初始的大幅增大和后期的大幅减小。

6.2.1.3 微孔

对于中煤级，各变形环境下形成构造煤的微孔孔容均随变形的增强而增大，其中韧性变形的影响最大，其次为脆性碎裂，剪切变形影响最小。其原因在于，微孔主要由煤中的大分子结构堆叠形成的较小的孔隙组成，孔容的变化机理与中孔一样，随分子结构有序程度的提高而降低，随分子结构杂乱化程度的增强而增大。强脆性碎裂变形和韧性变形均可使煤中分子链断裂，大幅增加分子结构杂乱程度，从而导致对应的微孔孔容都有大幅增加，但较强韧性变形的增加幅度高于强脆性碎裂变形，其原因是脆性碎裂变形仅使分子链断裂，而键合作用不明显，弱和较强的韧性变形在使得分子链断裂的同时，还有利于重新键合作用形成新的支链，从而增强了煤中分子构架的稳定，利于分子结构间的孔隙保存，形成更多的微孔孔隙。中孔孔容也存在韧性变形煤样明显高于其他的现象，其原因也在于此。对于剪切变形，同样存在有序化和杂乱化共同作用，这应是剪切变形煤样中孔孔容增幅最小的原因，但有序化对微孔的影响要小于对中孔的影响，表现在强剪切变形焦煤样中孔孔容较中等剪切变形煤样微小的下降，而强剪切焦煤样微孔孔容较中等剪切变形煤样有小幅的上升。

6.2.2 孔隙形态

煤中大孔孔隙形态受煤化程度的影响不大，主要表现为受构造煤结构的控制。弱的脆性碎裂变形构造煤中的孔隙以封闭孔为主，伴有少量开孔发育，中等强度脆性碎裂变形促进了开孔小幅增长，但仍以封闭孔为主；剪切变形煤样的开孔发育均好于弱脆性碎裂变形煤样，且随变形程度增大而增强，其中弱的、中等的和较强的剪切变形只能使开孔小幅增加，煤中孔隙仍以封闭孔为主，强剪切变形构造煤的开孔量又有所增加，所占比重可达40%，同时弱的韧性变形也可导致煤中裂隙的大量发育并具有一定的定向性，其孔隙形态特征与强剪切变形煤样类似；强脆性碎裂变形和韧性变形对大孔孔隙形态的影响相同，均导致开孔的大幅增加，且有利于细颈瓶孔的发育。

大孔主要由煤中节理和裂隙构成，其变化主要受构造变动引起的煤宏观和微观结构演化的影响，受煤化程度的影响不大，致使煤中的大孔孔隙形态表现为与煤变形程度密切相关，而与煤化程度相关性不明显。

弱脆性碎裂变形虽有助于节理、裂隙的发育，但煤体中节理、裂隙发育总体较为稀疏，由于实验用样是节理、裂隙间较为完整的部分，该部分煤体中孔隙仍以原生孔为主，而节理、裂隙发育较少，致使所测煤样中孔隙表现为以封闭孔为主，仅伴随有少量的开孔发育，随着脆性碎裂变形的增强，中等脆性碎裂变形煤样的节理、裂隙有了明显的增多，有助于连通性的增强，从而使煤中开孔量有小幅度的增加。

剪切变形构造煤，节理、裂隙在一定方向上具有优势发育的特征，这有助于提高孔隙连通性，使得弱的剪切变形煤样开孔较弱的脆性碎裂变形有所增加，而随着剪切变形的增强，节理、裂隙在同一方向上的增多必然导致煤中开孔的进一步提高，尤其是强剪切变形，可使得开孔进一步大幅增高。同时，弱的韧性变形主要表现为微细层理的宽幅弯曲，镜下见大量微裂隙发育，并具有一定的方向性，连通性较好，其孔隙形态表现为与强剪切变形煤样类似的特征。

强脆性碎裂变形和较强及强韧性变形，在造成煤宏观和微观结构大幅破坏的同时，也破坏了原有孔隙体系和孔隙连通性，但压汞测试的结果却与理论的分析相反，该变形煤样的压汞测试滞汞量却较强变形剪切煤样有所提高，其原因在于强脆性碎裂变形和较强及强的韧性变形煤样结构遭破坏严重、煤体松软，压汞测试时随压力的增高使得汞突破煤中结构强度的薄弱点而达到连通，致使其开孔量的大幅增加。

6.3 耦合变质的瓦斯吸附效应

5 个不同变形程度焦煤样的甲烷等温吸附测试结果表明，构造煤吸附甲烷能力整体随变形程度的增加而增加，但强烈的构造变形作用致使其吸附能力明显下降。中煤级构造煤中孔隙，包括大孔、中孔和微孔，除强剪切变形构造煤较中等剪切变形构造煤的中孔孔容变化不大外，均随变形的增强而增多，尤其是强脆性碎裂变形碎斑煤和较强韧性变形揉皱煤，可以导致各级孔隙含量的大幅增加。由此，对于弱变形的块状碎裂煤Ⅰ SY-09 的吸附能力在 5 个实验样品中最低就不难理解，弱的变形对应于低的中孔和微孔含量，即低的吸附空间，吸附能力自然会低，而变形较强的鳞片煤Ⅱ SY-14 和揉皱煤 SY-15 的吸附能力有明显增强，但对于强变形的碎斑煤 SY-13 和揉皱煤 SY-16 中孔和微孔的含量均最多，理应有更多的吸附空间，对应最大的吸附能力，但事实上吸附能力只高于块状碎裂煤Ⅰ，而低于变形较弱的构造煤的吸附能力。

琚宜文(2003)通过对不同类型构造煤的甲烷等温吸附实验，得到了类似的结果，并将强变形构造煤的吸附能力反而弱的现象归结于两个原因：① 低压阶段，构造煤中被压入的甲烷首先进入纳米级孔隙中，由于构造煤微孔以下孔发育，而且已有 H_2O 分子层吸附，致使甲烷分子只有在孔径较大的孔里发生单层吸附，这就是造成变形较强的不同类型构造煤吸附量低的主要原因。② 高压阶段，煤的结构开始变形，导致构造煤孔隙结构改变，形成孔隙压缩效应，致使连通孔隙闭合并形成新的细颈瓶孔，从而使得吸附能力下降。

以上两点均不足以解释本次实验结果，首先，本次实验研究的强变形构造煤的大、中和微孔量均高于其他变形程度构造煤，即使如上所说纳米孔被 H_2O 分子占据，其较大孔的含量依然较高，故不会因之造成吸附量的降低；其次，对于高压阶段煤结构变形，本次研究在利用 MIP 数据进行构造煤孔隙压缩系数计算时已有提及，进汞压力高于 10 MPa 时煤体方被压缩，而本次实验的最高压力只有 8 MPa，再加上本次实验的强变形构造煤在吸附过程中并未有等温解吸现象，说明高压致变形的说法对于本次实验结果依然不成立。

为探研构造煤吸附能力出现异常的原因，笔者将 5 个焦煤样的纳米孔和微孔的孔径分布进行对比。图 6-1 所示为构造煤纳米孔孔径分布对比图。由图 6-1可见，对于不同孔径的纳米孔，孔隙含量均表现为强变形碎斑煤和揉皱煤最高，弱变形块状碎裂煤Ⅰ最低，较强变形鳞片煤Ⅱ和揉皱煤居中。图 6-2 所示为 5 个焦煤样微孔孔径分布的对比图。除 0.821 6～0.899 nm 孔径范围外，整体表现出的规律与纳米孔相同，即孔隙含量表现为强变形碎斑煤和揉皱煤最高，弱变形块状碎裂煤Ⅰ最低，较强变形鳞片煤Ⅱ和揉皱煤居中，其中 5 个样品 0.821 6～0.899 nm 孔径范围孔容分别为：弱变形块状碎裂煤Ⅰ的 2.359 mm^3/g，较强变形鳞片煤Ⅱ和揉皱煤的 3.419 9 mm^3/g 和 3.425 2 mm^3/g，强变形碎斑煤和揉皱煤的 2.923 mm^3/g 和 2.687 mm^3/g，其变化趋势与对应的吸附能力变化相一致，这为理解构造煤吸附能力异常提供了新的思路。

我国煤层的地层温度和压力均高于甲烷气体的临界温度和压力，该条件甲烷气体吸附属于超临界吸附，其吸附机理不同于临界温度以下的吸附特征，不能简单地用汽化和凝聚理论进行解释，目前尚没有合理的理论模型可以应用。本次实验的结果表明，煤对甲烷气体的吸附应存在主控孔径范围，如本次实验得出的 0.821 6～0.899 nm，即煤对甲烷的吸附能力主要取决于主控孔径范围内孔隙的多少，其他孔隙则贡献不大。之所以会有主控孔径范围，是因为在超临界条件下一定孔径范围的孔隙最利于甲烷气体填充。对于本次研究，考虑到甲烷分子直径为 0.33～0.42 nm，可见孔隙直径为气体分子直径 2～3 倍时最有利于气体填充，而甲烷分子在构造煤中的吸附则主要表现为在主控孔径范围孔隙内的填充。

对于弱变形构造煤的等温吸附曲线高压段出现等温解吸现象，说明当构造煤中没有多余主孔孔径范围的孔隙供甲烷分子填充时，进一步增压会导致气体

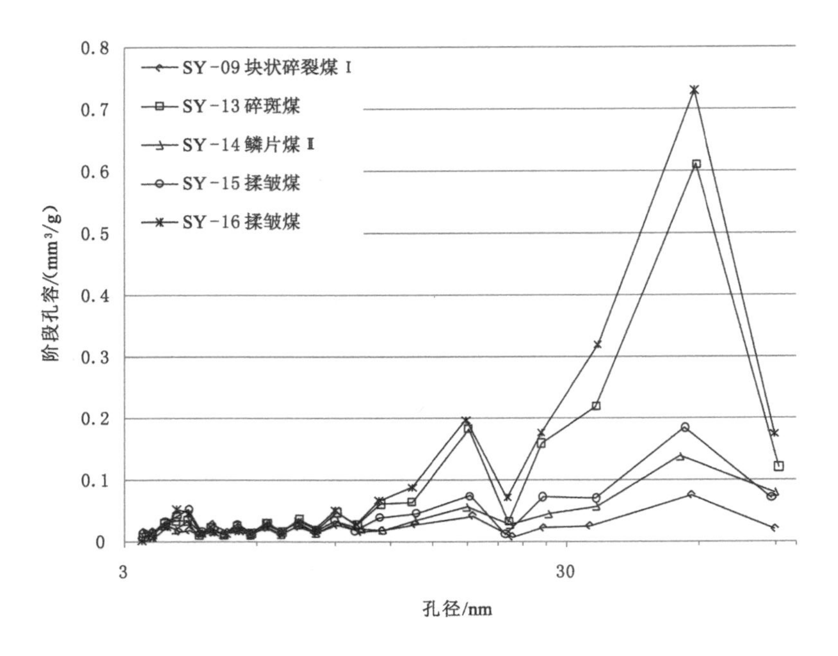

图 6-1 构造煤纳米孔孔径分布对比图

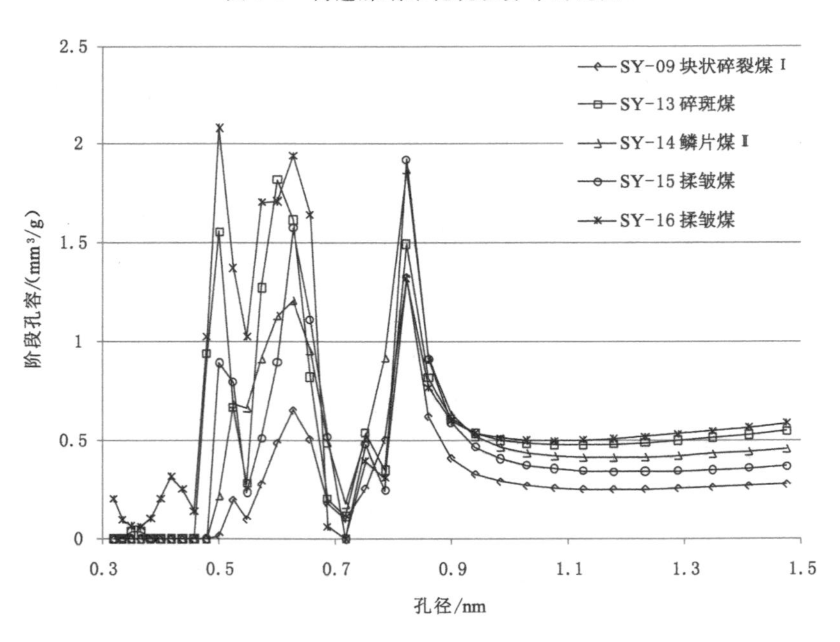

图 6-2 构造煤微孔孔径分布对比图

分子逃逸；而较强变形构造煤的等温吸附曲线在高压段仍表现为随压力增强的明显升高，说明其主控孔径范围的孔隙在压力达到 8 MPa 时仍有多余的空间供气体分子充填；强变形构造煤的等温吸附曲线在高压段变化不明显，说明其主控孔径范围的孔隙在压力达到 8 MPa 的状态介于弱变形和较强变形构造煤样品之间。由此，如果继续增加较强和强变形煤样的等温吸附压力，它们的等温吸附曲线应会出现与弱变形构造煤样相似的曲线形态。

6.4　耦合变质的瓦斯突出效应

不同应力-应变环境下形成的构造煤的宏观、微观和分子结构不同，导致瓦斯特性存在较大差异，进而对瓦斯赋存和突出产生不同的控制作用。归根结底，导致煤与瓦斯突出的关键在于力学性质上的松软程度和物性上的瓦斯储渗能力及其空间展布的极不均一性。其中，松软程度和储渗能力均与构造煤变形类型和程度强相关，无论变质程度如何，整体随变形增强松软程度和储集能力增加、渗流能力降低，再加上构造变形的不均一性，致使整体瓦斯含量低值区强变形作用下仍具有煤与瓦斯突出的风险。如此，耦合变质对瓦斯突出的控制作用即落脚到构造变形类型和强弱，亦或构造煤变形类型和程度的影响。根据不同类型构造煤瓦斯特性的差异，按照煤与瓦斯突出可能性的强弱，将不同变形类型和程度煤划分为非突出构造煤、弱突出构造煤、突出构造煤和强突出构造煤。

6.4.1　非突出构造煤

非突出构造煤包括弱脆性碎裂变形的初碎裂煤和块状碎裂煤Ⅰ，煤体中孔和微孔含量较低，以非突出构造煤为主要组成的煤层透气性较好，不利于瓦斯的赋存，致使瓦斯含量低，并且此类煤强度较高，基本不具备煤与瓦斯突出的条件。

6.4.2　弱突出构造煤

弱突出构造煤包括脆性碎裂变形块状碎裂煤Ⅱ、剪切变形片状碎裂煤Ⅰ、片状碎裂煤Ⅱ和鳞片煤Ⅰ，煤体各级孔径孔隙含量和瓦斯最大吸附量均较非突出构造煤有一定程度的增加，较有利于瓦斯的赋存。由弱突出构造煤为主要组成的煤层透气性也得到进一步的提高，当煤层的顶板封盖条件较好时，瓦斯得以保存，但因瓦斯赋存条件改善的程度有限，且瓦斯解吸能力差，致使总体上发生煤与瓦斯突出的危险性弱，仅在局部应力较为集中的区域因瓦斯的异常聚集而具有发生小型突出的可能。同时，弱突出构造煤压缩系数较高，结合较好的透气性，具备较好的排采条件，故应对此类煤层实施采气与采煤相结合的作业方式，将瓦斯回收利用的同时进一步降低煤与瓦斯突出的危险性，使矿井生产效益最大化；而对于顶板封盖条件差的弱突出构造煤构成的煤层，瓦斯容易逸散，煤层瓦斯含量低，煤与瓦斯突出的危险性相对较小。

6.4.3 突出构造煤

突出构造煤包括强脆性碎裂变形碎斑煤和弱韧性变形揉皱煤，煤体中孔和微孔十分发育，且具有较强的吸附性能，对瓦斯的赋存非常有利。碎斑煤由于原本开孔不发育，透气性差，瓦斯不易逸散，故由碎斑煤组成的煤层瓦斯含量往往较高，加上煤体松软，为煤与瓦斯突出创造了良好条件；而弱韧性变形揉皱煤开孔较为发育，透气性较好，但在封盖条件较好的条件下，瓦斯仍易积聚，弱韧性变形煤煤体同样较为松软，从而有利于煤与瓦斯突出的发生，但由于碎斑煤和弱韧性变形煤的瓦斯解吸性能均较弱，在一定程度上削弱了煤与瓦斯突出的强度。另外，低、中煤级突出构造煤的压缩系数和高煤级碎斑煤的压缩系数都比较小，对煤层瓦斯抽采影响不大，碎斑煤由于其本身透气性差而不利于抽采，弱韧性变形揉皱煤则因较好的透气性能具备瓦斯抽采条件。

6.4.4 强突出构造煤

强突出构造煤包括强及较强韧性变形揉皱煤、揉皱糜棱煤和强剪切变形鳞片煤Ⅱ，煤体中微孔发育、吸附性能较好，对瓦斯赋存十分有利。强及较强韧性变形煤开孔原本不发育，透气性差，瓦斯容易积聚，强剪切变形煤虽具有较为发育的开孔，增强了透气性能，但在封盖条件较好的情况下仍能具有较高的瓦斯含量，同时强及较强韧性变形煤和强剪切变形煤的解吸性能较好，且煤体都松软易碎，大大增强了发生煤与瓦斯突出的危险性。此外，低、中煤级强及较强韧性变形构造煤的压缩系数同样较低，对瓦斯抽采影响不大，因其本身透气性差而不利于抽采；而强剪切变形鳞片煤Ⅱ的压缩系数较大，且具有较好的透气性，应对此类煤层实施瓦斯抽采。

综上所述，不同类型构造煤组的煤层发生煤与突出的可能性和强度存在较大差异，包括初碎裂煤和块状碎裂煤Ⅰ的非突出构造煤组成的煤层，基本不具备煤与瓦斯突出的条件；包括块状碎裂煤Ⅱ、片状碎裂煤Ⅰ、片状碎裂煤Ⅱ和鳞片煤Ⅰ的弱突出构造煤组成的煤层，煤与瓦斯突出的危险性相对较小，但在局部应力集中区域仍有发生小型煤与瓦斯突出的可能；包括碎斑煤和弱韧性变形揉皱煤的突出构造煤组成的煤层，容易发生煤与瓦斯突出；包括强及较强韧性变形揉皱煤、揉皱糜棱煤和鳞片煤Ⅱ的强突出构造煤组成的煤层，具备发生大型煤与瓦斯突出的条件。如淮北祁南矿 7-2 煤层，遭构造破坏较为严重，顶底均发育以碎粒和糜棱状煤为主的软分层，中间为不同变形程度的碎裂煤，顶板以封盖条件好的泥岩为主，致使其具有较高的瓦斯含量，平均为 8.03 m^3/t，最大可达 15.64 m^3/t，具有较低的坚固性系数，为 0.18～0.31，瓦斯放散初速度较高，可达 5.1～19 mmHg，属瓦斯突出煤层，该煤层自开采以来发生多次底鼓开裂、瓦斯喷出、煤与瓦斯突出等瓦斯动力现象，1997 年 7 月巷道过 7-2 煤层时发生煤与瓦斯突出，突出煤量 96 t，异常涌出瓦斯 11 500 m^3，而同为祁南矿的 10 煤层，煤体结构较为完整、硬度大，瓦斯含量较低，平均为 3.92 m^3/t，工作面瓦斯涌出量一般仅 0.2 m^3/min 左右，基本不具备瓦斯突出条件。

第7章 结　　论

本书通过低、中、高煤级及相同煤级不同变形类型与程度构造煤物理和分子结构、孔隙、吸附/解吸等的系统分析，深入探讨了煤不同类型耦合变质演化机理及对瓦斯特性的控制，主要得到以下几个方面的重要成果和认识：

(1) 煤不同类型耦合变质的差异演化机理

深成变质气煤叠加动力变质、深成变质焦煤叠加动力变质和深成变质焦煤叠加动力变质和岩浆变质是研究区普遍发育的三种煤热-动力耦合变质作用类型，其中前两者较相似，故一起加以总结。

① 深成气/焦煤＋动力耦合变质演化机理

脆性碎裂变形对气煤和焦煤的影响主要表现在宏观和微观上的碎裂变形，中等变形程度的脆性碎裂变形对煤体分子结构影响不大，仅有助于大分子链的断裂，对不成对电子的重新键合和煤晶核的生长影响不大，即使是强的脆性碎裂变形，也只是增强了对大分子结构的破坏，形成大量的不成对电子，但对不成对电子的重新生成影响不大，同时还抑制了煤中芳香层片的垂向发育。

韧性变形除致使低、中煤级煤形成揉皱等宏观和微观的韧性变形外，还有利于促进煤中大分子链的断裂、官能团的脱落和不成对电子重新键合形成新的脂类或芳类化合物，韧性变形较弱时主要表现为键合成脂类，随着变形的增强、温压条件的增高，强的韧性变形大大促进煤中芳构化进程，但对芳环的进一步缩合影响不大，韧性变形整体对低、中煤级煤晶核的生长影响有限，只在一定的程度上促进其生长。

剪切变形对低、中煤级煤的影响，在宏观和微观上表现为优势节理和裂隙的发育，分子结构层面上和韧性变形一样，极大促进了大分子链的断裂、官能团的脱落以及不成对电子重新键合，弱变形时的键合以形成脂类为主，随着变形的增强以及芳构化和芳香环的缩合作用，尤其是后者得以增强，而且焦煤阶段的芳构化和芳香环的缩合作用要强于气煤阶段。剪切变形对低、中煤级煤晶核的生长均表现为明显的促进作用。

② 深成焦煤＋动力＋岩浆耦合变质演化机理

深成变质作用阶段，煤大分子结构有序化的方向是与上覆地层压力方面垂直的，即为近水平方向，变质程度演化至焦煤，已具备了一定的定向性；动力变质作用阶段，因为是受到了水平方向挤压应力的影响，导致大分子有序化朝着新的与原方向垂直的方向进行，从而打乱了原有的演化秩序，且韧性和剪切应力-应变环境的影响强于碎裂作用，变形程度越强影响越大；接下来的岩浆热变质作用过程，让大分子有序化进程继续，至于朝着哪个方向，则取决于岩浆热作用过程中样品所受的差异应力是上覆地层重力为主还是构造应力为主，但不管如何，动力变质的加入打乱了大分子有序化节奏，必然使得其大分子有序化的各项指标低于正常热变质演化序列煤，且动力变质作用越强影响越大。

(2) 不同类型煤耦合变质对不同孔径孔隙的控制

构造煤结构演化对孔容和比表面积的控制作用类似，对不同孔径孔隙的孔容和比表面积的控制机理不同。

① 大孔

大孔是孔径大于 50 nm 的孔隙，包括煤中节理和裂隙形成的空间，而不同类型的变形作用均有助于煤中节理和裂隙的发育，且发育程度随变形增强而增大，使大孔孔容随之增加。其中，脆性碎裂煤形成的应力环境围压较小，有利于节理和裂隙的张开，而韧性变形环境是以一定的温压条件为主要特征的，故其孔隙的发育不及强的脆性碎裂变形，剪切应力则因其定向性的应力作用有利于构造煤碎基的有序化排列，即使是强的剪切应变作用，大孔孔容亦只有小幅的增加。

② 中孔

中孔主要由煤中的大分子结构堆叠形成的较大的孔隙组成，受变形的影响随变形环境的不同而存在差异。

脆性碎裂变形可以使大分子链或芳环片层断裂，增大煤中分子结构的杂乱程度，尤其是强脆性碎裂变形导致大量分子链或芳环片层断裂，使煤中分子结构杂乱程度大幅提高，致使中孔孔容在弱和中等变形时小幅增加，而在强变形时大幅增加。

弱和较强的韧性变形煤均使得煤中大量大分子链或芳香层片断裂，大幅提高煤中分子结构的无序程度，致使其对应的中孔孔容均有明显或大幅增加。然而对气煤而言，随着温压条件的进一步增强，煤中芳构化作用逐渐占据主导，使得支链合成芳环，造成煤中支链的大幅减少，这有助于煤中分子结构的有序化进程，从而使得强韧性变形气煤的中孔孔容相对于较强变形不但没有增强反而有微小幅度的下降。

剪切变形在低、中煤级极大促进了大分子链的断裂，有利于煤中分子结构无序化的发展，但定向的应力作用又有利于煤中大分子的有序化，且这种影响随变形的增强而增强，芳构化和芳香环的缩合作用也随之增强，尤其是后者，而且焦煤阶段的芳构化和芳香环的缩合作用要强于气煤阶段。可见，低、中煤级剪切变形过程中分子结构的无序化和有序化两个进程是同时存在的。对于气煤，由于芳构化和芳香环缩合化作用较弱，即有序化随变形增强变化不大，致使其中孔孔容随变形的增加而增大，至于片状碎裂煤Ⅰ异常增高，应是由于其受脆性碎裂和剪切变形叠加的结果。焦煤样由于芳构化和芳香环缩合化作用较强，即有序化随变形增强而增强，致使其中孔孔容随变形增强先小幅上升后小幅下降。无烟煤阶段也表现出两种作用的共同影响，中孔孔容先增后减，但变化的幅度远大于低、中煤级，其原因在于无烟煤具有较高的有序化，但由于起初芳香层片的延展方向与剪切的定向应力不一致，而十分有利于芳香层片的断裂，导致煤中分子结构无序程度大幅增加。然而，芳香层片断裂的同时，断键形成的和煤中原有的自由电子在定向应力方向上的重新键合也在进行，这有利于煤中分子结构的有序化，且定向的键合作用随着剪切应力的增加而增强，断键作用则由于分子在应力方向上的重排而被削弱，当应力增大到一定程度，煤中分子结构将表现为有序化程度的逐渐提高，所以中孔孔容表现为初始的大幅增加和后期的大幅减小。

③ 微孔

微孔主要由煤中的大分子结构堆叠形成的较小的孔隙组成，孔容的变化机理与中孔一样，随分子结构有序程度的提高而降低，随分子结构杂乱化程度的增强而增大。

强脆性碎裂变形和韧性变形均可使煤中分子链断裂，大幅增加分子结构杂乱程度，从而导致对应的微孔孔容都有大幅增加，但较强韧性变形的增加幅度高于强脆性碎裂变形，其原因是脆性碎裂变形仅使分子链断裂，而键合作用不明显，弱和较强的韧性变形在使得分子链断裂的同时，还有利于重新键合作用形成新的支链，从而增强了煤中分子构架的稳定，利于分子结构间的孔隙保存，形成更多的微孔孔隙。中孔孔容也存在韧性变形煤样明显高于其他的现象，其原因也在于此。对于剪切变形，同样存在有序化和杂乱化共同作用，这应是剪切变形煤样中孔孔容增幅最小的原因。

(3) 不同类型煤耦合变质对大孔孔隙形态的控制作用

大孔主要由煤中节理和裂隙构成，其变化主要受构造变动引起的煤宏观和微观结构演化的影响，受煤化程度的影响不大，致使煤中的大孔孔隙形态表现为与煤变形程度密切相关，而与煤化程度相关性不明显，且不同变形环境对大孔孔隙形态的影响存在差异。

弱脆性碎裂变形虽有助于节理、裂隙的发育，但煤体中节理、裂隙发育总体较为稀疏，由于实验用样是节理、裂隙间较为完整的部分，该部分煤体中孔隙仍以原生孔为主，而节理、裂隙发育较少，致使所测煤样中孔隙表现为以封闭孔为主，仅伴随有少量的开孔发育，随着脆性碎裂变形的增强，中等脆性碎裂变形煤样的节理、裂隙有了明显的增多，有助于连通性的增强，从而使煤中开孔量有小幅度的增加。

剪切变形构造煤，节理、裂隙在一定方向上具有优势发育的特征，这有助于提高孔隙连通性，使得弱的剪切变形煤样的开孔较弱的碎裂变形有所增加，而随着剪切变形的增强，节理、裂隙在同一方向上的增多必然导致煤中开孔的进一步提高，尤其是强剪切变形，可使得开孔进一步大幅增高。同时，弱的韧性变形主要表现为微细层理的宽幅弯曲，镜下见大量微裂隙发育，并具有一定的方向性，连通性较好，其孔隙形态表现为与强剪切变形煤样类似的特征。

强脆性碎裂变形和较强及强韧性变形，在造成煤宏观和微观结构大幅破坏的同时，也破坏了原有孔隙体系和孔隙连通性，但压汞测试的结果却与理论的分析相反，该变形煤样的压汞测试滞汞量却较强变形剪切煤样有所提高，其原因在于由于强脆性碎裂变形和较强及强的韧性变形煤样结构遭破坏严重，煤体松软，压汞测试时随压力的增高使得汞突破煤中结构强度的薄弱点而达到连通，致使其开孔量的大幅增加。

(4) 深成焦+动力耦合变质构造煤吸附性取决于主控孔径范围的孔隙含量

5 个不同变形程度焦煤样的甲烷等温吸附测试结果表明，构造煤吸附甲烷能力随变形程度的增加而增大，但强烈的构造变形作用致使其吸附能力有所下降。这与中煤级构造煤中中孔和微孔，除强剪切变形构造煤较中等剪切变形构造煤的中孔孔容变化不大外，均随变形的增强而增大，尤其是强脆性碎裂变形碎斑煤和较强韧性变形揉皱煤，与可以导致孔隙含量大幅增加的事实不符。碎斑煤和较强韧性变形构造煤较强剪切变形和弱韧性变形构造煤，中孔和微孔更为发育，具有更多的吸附空间，但吸附量却较低。

为探研这一异常现象，将 5 个焦煤样的纳米孔和微孔的孔径分布进行对比，发现该 5 个样品 0.821 6～0.899 nm 孔径范围孔容的变化趋势与吸附能力的变化相一致，由此认为，煤对甲烷气体的吸附应存在主控孔径范围，即煤对瓦斯的吸附能力主要取决于主控孔径范围内孔隙的多少，其他孔隙则贡献不大，说明一定孔径范围的孔隙最利于甲烷气体填充，考虑到甲烷分子直径为 0.33～0.42 nm，可见孔隙直径为气体分子直径 2～3 倍时最有利于气体填充，而甲烷分子在构造煤中的吸附则主要表现为在主控孔径范围的孔隙内的填充。

(5) 不同类型构造煤瓦斯赋存特征和突出危险性存在较大差异

不同应力-应变环境下形成的构造煤的宏观、微观和分子结构不同，导致瓦斯特性存在较大差异，进而对瓦斯赋存和突出产生不同的控制作用。根据不同类型构造煤瓦斯特性的差异，按照煤与瓦斯突出可能性的强弱，将不同变形类型和程度煤划分非突出构造煤、弱突出构造煤、突出构造煤和强突出构造煤。

① 非突出构造煤包括弱脆性碎裂变形的初碎裂煤和块状碎裂煤Ⅰ,煤体中孔和微孔含量较低,以非突出构造煤为主要组成的煤层透气性较好,不利于瓦斯的赋存,致使瓦斯含量低,并且此类煤强度较高,基本不具备煤与瓦斯突出的条件。

② 弱突出构造煤包括脆性碎裂变形块状碎裂煤Ⅱ、剪切变形片状碎裂煤Ⅰ、片状碎裂煤Ⅱ和鳞片煤Ⅰ,煤体各级孔径孔隙含量和瓦斯最大吸附量均较非突出构造煤有一定程度的增加,较有利于瓦斯的赋存。由弱突出构造煤为主要组成的煤层透气性也得到进一步的提高,当煤层的顶板封盖条件较好时,瓦斯得以保存,但因瓦斯赋存条件改善的程度有限,且瓦斯解吸能力差,致使总体上发生煤与瓦斯突出的危险性弱,仅在局部应力较为集中的区域因瓦斯的异常聚集而具有发生小型突出的可能。同时弱突出构造煤压缩系数较高,结合较好的透气性,具备较好的排采条件,故应对此类煤层实施采气与采煤相结合的作业方式,将瓦斯回收利用的同时进一步降低煤与瓦斯突出的危险性,使矿井生产效益最大化;而对于顶板封盖条件差的弱突出构造煤构成的煤层,瓦斯容易逸散,煤层瓦斯含量低,煤与瓦斯突出的危险性相对较小。

③ 突出构造煤包括强脆性碎裂变形碎斑煤和弱韧性变形揉皱煤,煤体中孔和微孔十分发育,且具有较强的吸附性能,对瓦斯的赋存非常有利。碎斑煤由于原本开孔不发育,透气性差,瓦斯不易逸散,故由碎斑煤组成的煤层瓦斯含量往往较高,加上煤体松软,为煤与瓦斯突出创造了良好条件;而弱韧性变形揉皱煤开孔较为发育,透气性较好,但在封盖条件较好的条件下,瓦斯仍易积聚,弱韧性变形煤煤体同样较为松软,从而有利于煤与瓦斯突出的发生,但由于碎斑煤和弱韧性变形煤的瓦斯解吸性能均较弱,在一定程度上削弱了煤与瓦斯突出的强度。另外,低、中煤级突出构造煤的压缩系数和高煤级碎斑煤的压缩系数都比较小,对煤层瓦斯抽采影响不大,碎斑煤由于其本身透气性差而不利于抽采,弱韧性变形揉皱煤则因较好的透气性能而具备瓦斯抽采条件。

④ 强突出构造煤包括强及较强韧性变形揉皱煤、揉皱糜棱煤和强剪切变形鳞片煤Ⅱ。煤体中微孔发育,吸附性能较好,对瓦斯赋存十分有利。强及较强韧性变形煤开孔原本不发育,透气性差,瓦斯容易积聚,强剪切变形煤虽具有较为发育的开孔,增强了透气性能,但在封盖条件较好的情况下,仍能具有较高的瓦斯含量,同时强及较强韧性变形煤和强剪切变形煤的解吸性能较好,且煤体都松软易碎,大大增强了发生煤与瓦斯突出的危险性。此外,低、中煤级强及较强韧性变形构造煤的压缩系数同样较低,对瓦斯抽采影响不大,因其本身透性差而不利于抽采;而强剪切变形鳞片煤Ⅱ的压缩系数较大,且具有较好的透气性,应对此类煤层实施瓦斯抽采。

参考文献

[1] 安徽省地质矿产局,1987. 安徽省区域地质志[M]. 北京:地质出版社.

[2] 曹代勇,李小明,张守仁,2006. 构造应力对煤化作用的影响:应力降解机制与应力缩聚机制[J]. 中国科学(D辑:地球科学),36(1):59-68.

[3] 曹代勇,刘志飞,王安民,等,2022. 构造物理化学条件对煤变质作用的控制[J]. 地学前缘,29(1):439-448.

[4] 曹代勇,张守仁,任德贻,2002. 构造变形对煤化作用进程的影响:以大别造山带北麓地区石炭纪含煤岩系为例[J]. 地质论评,48(3):313-317.

[5] 程国玺,2017. 韧性变形系列构造煤结构特征及其瓦斯特性研究[D]. 徐州:中国矿业大学.

[6] 范景坤,张登龙,李子明,等,2001. 试析淮北矿区共伴生硬质高岭土矿矿物特征[J]. 淮南工业学院学报,21(4):5-8.

[7] 高政,常举,姜蒙,等,2022. 不同因素对煤瓦斯放散特性的影响程度分析[J]. 陕西煤炭,41(5):53-57.

[8] 郭德勇,郭晓洁,李德全,2019. 构造变形对烟煤级构造煤微孔-中孔的作用[J]. 煤炭学报,44(10):3135-3144.

[9] 郭德勇,叶建伟,王启宝,等,2016. 平顶山矿区构造煤傅里叶红外光谱和^{13}C核磁共振研究[J]. 煤炭学报,41(12):3040-3046.

[10] 韩树棻,1990. 两淮地区成煤地质条件及成煤预测[M]. 北京:地质出版社.

[11] 何学秋,1995. 含瓦斯煤岩破坏电磁动力学[M]. 徐州:中国矿业大学出版社.

[12] 黄第藩,1995. 煤成油的形成和成烃机理:煤成油研究项目成果之二[M]. 北京:石油工业出版社.

[13] 姬新强,要惠芳,李伟,2016. 韩城矿区构造煤红外光谱特征研究[J]. 煤炭学报,41(8):2050-2056.

[14] 姜波,琚宜文,2004. 构造煤结构及其储层物性特征[J]. 天然气工业,24(5):27-29.

[15] 姜波,秦勇,金法礼,1997. 煤变形的高温高压实验研究[J]. 煤炭学报,22

(1):80-84.
[16] 姜波,秦勇,1998.变形煤的结构演化机理及其地质意义[M].徐州:中国矿业大学出版社.
[17] 金奎励,1997.当代煤及有机岩研究新技术[M].北京:地质出版社.
[18] 琚宜文,姜波,王桂樑,2005.构造煤结构及储层物性:structures and physical properties of reservoirs[M].徐州:中国矿业大学出版社.
[19] 琚宜文,林红,李小诗,等,2009.煤岩构造变形与动力变质作用[J].地学前缘,16(1):158-166.
[20] 琚宜文,2003.构造煤结构演化与储层物性特征及其作用机理[D].徐州:中国矿业大学.
[21] 李葵英,1998.界面与胶体的物理化学[M].哈尔滨:哈尔滨工业大学出版社.
[22] 李明,2013.构造煤结构演化及成因机制[D].徐州:中国矿业大学.
[23] 李祥春,李忠备,张良,等,2019.不同煤阶煤样孔隙结构表征及其对瓦斯解吸扩散的影响[J].煤炭学报,44(S1):142-156.
[24] 李小诗,琚宜文,侯泉林,等,2012.不同变形机制构造煤大分子结构演化的谱学响应[J].中国科学:地球科学,42(11):1690-1700.
[25] 李小诗,琚宜文,侯泉林,等,2011.煤岩变质变形作用的谱学研究[J].光谱学与光谱分析,31(8):2176-2182.
[26] 李阳,张玉贵,张浪,等,2019.基于压汞、低温 N_2 吸附和 CO_2 吸附的构造煤孔隙结构表征[J].煤炭学报,44(4):1188-1196.
[27] 刘常洪,1991.煤的孔隙结构及其对甲烷的吸附特征[D].淮南:淮南矿业学院.
[28] 刘杰刚,2018.煤高温高压变形实验及其韧性变形机理:以宿县矿区烟煤为例[D].徐州:中国矿业大学.
[29] 刘俊来,杨光,马瑞,2005.高温高压实验变形煤流动的宏观与微观力学表现[J].科学通报,50(S1):56-63.
[30] 刘彦伟,张帅,左伟芹,等,2021.典型软硬煤全孔径孔隙结构差异性研究[J].煤炭科学技术,49(10):98-106.
[31] 刘阳,姚素平,汤中一,2019.利用 SAXS 表征不同变质程度煤纳米孔隙特征[J].高校地质学报,25(1):108-115.
[32] 刘粤惠,刘平安,2003.X 射线衍射分析原理与应用[M].北京:化学工业出版社.
[33] 罗陨飞,李文华,2004.中低变质程度煤显微组分大分子结构的 XRD 研究

[J]. 煤炭学报,29(3):338-341.

[34] 马文璞,1992. 区域构造解析:方法理论和中国板块构造[M]. 北京:地质出版社.

[35] 么玉鹏,2017. 脆性变形系列构造煤物性特征及其结构定量表征[D]. 徐州:中国矿业大学.

[36] 彭深远,杨文涛,张鸿禹,等,2022. 华北盆地三叠纪物源特征及其沉积-构造演化:来自碎屑锆石年龄的指示[J]. 沉积学报,40(5):1228-1249.

[37] 秦勇,1994. 中国高煤级煤的显微岩石学特征及结构演化[M]. 徐州:中国矿业大学出版社.

[38] 任纪舜,1989. 中国东部及邻区大地构造演化的新见解[J]. 中国区域地质,8(4):1-12.

[39] 宋立军,李增学,吴冲龙,等,2004. 安徽淮北煤田二叠系沉积环境与聚煤规律分析[J]. 煤田地质与勘探,32(5):1-3.

[40] 宋昱,姜波,李凤丽,等,2018. 低-中煤级构造煤纳米孔分形模型适用性及分形特征[J]. 地球科学,43(5):1611-1622.

[41] 宋昱,姜波,李明,等,2017. 低中煤级构造煤超临界甲烷吸附特性及吸附模型适用性[J]. 煤炭学报,42(8):2063-2073.

[42] 宋昱,2019. 低中阶构造煤纳米孔及大分子结构演化机理[D]. 徐州:中国矿业大学.

[43] 王桂梁,曹代勇,姜波,等,1992. 华北南部的逆冲推覆伸展滑覆与重力滑动构造[M]. 徐州:中国矿业大学出版社.

[44] 王桂梁,姜波,曹代勇,等,1998. 徐州—宿州弧形双冲-叠瓦扇逆冲断层系统[J]. 地质学报,72(3):228-236.

[45] 王琳琳,龙正江,朱冠宇,2022. 中阶构造煤等温吸附/解吸特征及机理[J]. 沉积学报,40(1):60-72.

[46] 翁成敏,潘治贵,1981. 峰峰煤田煤的 X 射线衍射分析[J]. 地球科学,6(1):214-221.

[47] 毋亚文,2018. 不同变质变形煤吸附解吸特征研究[D]. 焦作:河南理工大学.

[48] 吴文金,刘文中,陈克清,2000. 淮北煤田二叠系沉积环境分析[J]. 北京地质(3):21-25.

[49] 相建华,曾凡桂,梁虎珍,等,2016. 不同变质程度煤的碳结构特征及其演化机制[J]. 煤炭学报,41(6):1498-1506.

[50] 肖藏岩,2016. 温压作用下低煤级煤分子结构演化及 CO 生成机理:以华北

北部两个煤样为例[D]. 徐州：中国矿业大学.
[51] 解帅龙，2020. 中高阶变质煤超临界吸附甲烷特性研究[D]. 焦作：河南理工大学.
[52] 严继民，张启元，1986. 吸附与凝聚：固体的表面与孔[M]. 2 版. 北京：科学出版社.
[53] 阎纪伟，2020. 不同煤阶煤的孔隙结构及其对煤层气吸附-扩散的影响[D]. 北京：中国矿业大学(北京).
[54] 杨延辉，张小东，杨艳磊，等，2016. 溶剂萃取后构造煤的微晶及化学结构参数变化特征[J]. 煤炭学报，41(10)：2638-2644.
[55] 于洪观，范维唐，孙茂远，等，2004. 煤中甲烷等温吸附模型的研究[J]. 煤炭学报，29(4)：463-467.
[56] 曾凡桂，张通，王三跃，等，2005. 煤超分子结构的概念及其研究途径与方法[J]. 煤炭学报，30(1)：85-89.
[57] 张慧，李小彦，郝琦，等，2003. 中国煤的扫描电子显微镜研究[M]. 北京：地质出版社.
[58] 张守仁，2001. 造山带外缘煤的演化特征研究及其应用[D]. 徐州：中国矿业大学.
[59] 张玉贵，张子敏，谢克昌，2005. 煤演化过程中力化学作用与构造煤结构[J]. 河南理工大学学报(自然科学版)，24(2)：95-99.
[60] 张钰，李勇，王延斌，等，2021. 基于 SAXS 的不同变质程度煤纳米级孔隙结构特征研究[J]. 煤田地质与勘探，49(6)：142-150.
[61] 周建勋，1991. 煤的变形与光性组构的高温高压变形实验研究及煤田构造中石英的显微构造与组构[D]. 徐州：中国矿业大学.
[62] 朱兴珊，徐凤银，李权一，1996. 南桐矿区破坏煤发育特征及其影响因素[J]. 煤田地质与勘探，24(2)：28-32.
[63] 朱兴珊，徐凤银，肖文江，1995. 破坏煤分类及宏观和微观特征[J]. 焦作矿业学院学报，14(1)：38-44.
[64] ANDERSON R, BAYER J, HOFER L, 1965. Determining surface areas from CO_2 isotherms[J]. Fuel, 44: 443-452.
[65] BUSTIN R M, ROSS J V, MOFFAT I, 1986. Vitrinite anisotropy under differential stress and high confining pressure and temperature: preliminary observations[J]. International journal of coal geology, 6(4): 343-351.
[66] BUSTIN R M, ROSS J V, ROUZAUD J N, 1995a. Mechanisms of

graphite formation from kerogen:experimental evidence[J]. International journal of coal geology,28(1):1-36.

[67] BUSTIN R M,ROUZAUD J N,ROSS J V,1995b. Natural graphitization of anthracite:experimental considerations[J]. Carbon,33(5):679-691.

[68] CLARKSON C R,BUSTIN R M,1999. The effect of pore structure and gas pressure upon the transport properties of coal: a laboratory and modeling study. 1. Isotherms and pore volume distributions[J]. Fuel,78(11):1333-1344.

[69] DE BOER J H,1958. The structure and properties of porous materials [M]. London:Butterworths.

[70] GRIMES W R,1982. The physical structure of coal[M]. Amsterdam: Elsevier.

[71] HILDE T W C,UYEDA S,KROENKE L,1977. Evolution of the Western Pacific and its margin[J]. Tectonophysics,38(1/2):145-165.

[72] HIRSCH P B,1954. X-ray scattering from coals[J]. Proceedings of the royal society of London series A:mathematical and physical sciences,226(1165):143-169.

[73] KARACAN C Ö,2003. Heterogeneous sorption and swelling in a confined and stressed coal during CO_2 injection[J]. Energy and fuels,17(6):1595-1608.

[74] KENNETH A D,THOMAS S,1979. Comparison of pore structure in Kentucky coals by mercury penetration and carbon dioxide adsorption[J]. Fuel,58(10):732-736.

[75] LANGMUIR I,1916. The constitution and fundamental properties of solids and liquids. Part Ⅰ. solids[J]. Journal of the American chemical society,38(11):2221-2295.

[76] LARSEN J W,2004. The effects of dissolved CO_2 on coal structure and properties[J]. International journal of coal geology,57(1):63-70.

[77] LAXMINARAYANA C,CROSDALE P J,1999. Role of coal type and rank on methane sorption characteristics of Bowen Basin,Australia coals [J]. International journal of coal geology,40(4):309-325.

[78] LEVINE J R,DAVIS A,1989. The relationship of coal optical fabrics to Alleghanian tectonic deformation in the central Appalachian fold-and-thrust belt,Pennsylvania[J]. Geological society of America bulletin,101

(10):1333-1347.

[79] MASTALERZ M,DROBNIAK A,STRAPOC D,et al.,2008. Variations in pore characteristics in high volatile bituminous coals:implications for coal bed gas content[J]. International journal of coal geology,76(3):205-216.

[80] MASTALERZ M, WILKS K R, BUSTIN R M, 1993. The effect of temperature,pressure and strain on carbonization in high-volatile bituminous and anthracitic coals[J]. Organic geochemistry,20(2):315-325.

[81] MEDEK J,WEISHAUPTOVÁ Z,KOVÁŘ L,2006. Combined isotherm of adsorption and absorption on coal and differentiation of both processes [J]. Microporous and mesoporous materials,89(1/2/3):276-283.

[82] QUADERER A,MASTALERZ M,SCHIMMELMANN A,et al.,2016. Dike-induced thermal alteration of the Springfield Coal Member (Pennsylvanian) and adjacent clastic rocks, Illinois Basin, USA [J]. International journal of coal geology,166:108-117.

[83] ROMANOV V N,GOODMAN A L,LARSEN J W,2006. Errors in CO_2 adsorption measurements caused by coal swelling[J]. Energy and fuels,20 (1):415-416.

[84] ROSS J V, BUSTIN R M, 1990. The role of strain energy in creep graphitization of anthracite[J]. Nature,343(6253):58-60.

[85] ROSS J V,BUSTIN R M,1997. Vitrinite anisotropy resulting from simple shear experiments at high temperature and high confining pressure[J]. International journal of coal geology,33(2):153-168.

[86] ROUQUEROL J,AVNIR D,FAIRBRIDGE C W,et al.,1994. Recommendations for the characterization of porous solids (Technical Report)[J]. Pure and applied chemistry,66(8):1739-1758.

[87] THIMONS E D,KISSELL F N,1973. Diffusion of methane through coal [J]. Fuel,52(4):274-280.

[88] TODA Y,TOYODA S,1972. Application of mercury porosimetry to coal [J]. Fuel,51(3):199-201.

[89] WANG L,CAO D Y,PENG Y W,et al.,2019. Strain-induced graphitization mechanism of coal-based graphite from LuTang,Hunan Province,China [J]. Minerals,9(10):617.

[90] WILKS K R,MASTALERZ M,ROSS J V,1993. The effect of experimental deformation on the graphitization of Pennsylvania anthracite[J]. International

journal of coal geology,24(1/2/3/4):347-369.

[91] YI J,AKKUTLU I Y,KARACAN C O,et al.,2009. Gas sorption and transport in coals: a poroelastic medium approach [J]. International journal of coal geology,77(1/2):137-144.

[92] ZERDA T W,YUAN X,MOORE S M,et al.,1999. Surface area,pore size distribution and microstructure of combustion engine deposits [J]. Carbon,37(12):1999-2009.

[93] ZHENG L G,LIU G J,WANG L,et al.,2008. Composition and quality of coals in the Huaibei Coalfield, Anhui, China[J]. Journal of geochemical exploration,97(2/3):59-68.

图 版

① 样品 HBM40-2，初碎裂煤，清晰原生结构，手标本，淮北祁南矿；② 样品 HBM40-2，初碎裂煤，简单发育的裂隙，反射单偏光，×40，淮北祁南矿；③ 样品 HBM24，块状碎裂煤Ⅰ，清晰原生结构，手标本，淮北海孜矿；④ 样品 HBM24，块状碎裂煤Ⅰ，切割煤体节理面，手标本，淮北海孜矿；⑤ 样品 HBM24，块状碎裂煤Ⅰ，具有一定的滑动性节理面，手标本，淮北海孜矿；⑥ 样品 HBM24，块状碎裂煤Ⅰ，两组 X 型共轭剪节理，手标本，淮北海孜矿；⑦ 样品 HBM43-2，块状碎裂煤Ⅰ，锯齿状裂隙，反射单偏光，×40，淮北祁南矿；⑧ 样品 HBM10，块状碎裂煤Ⅰ，麻花状裂隙，反射单偏光，×40，淮北涡北矿。

图版 1

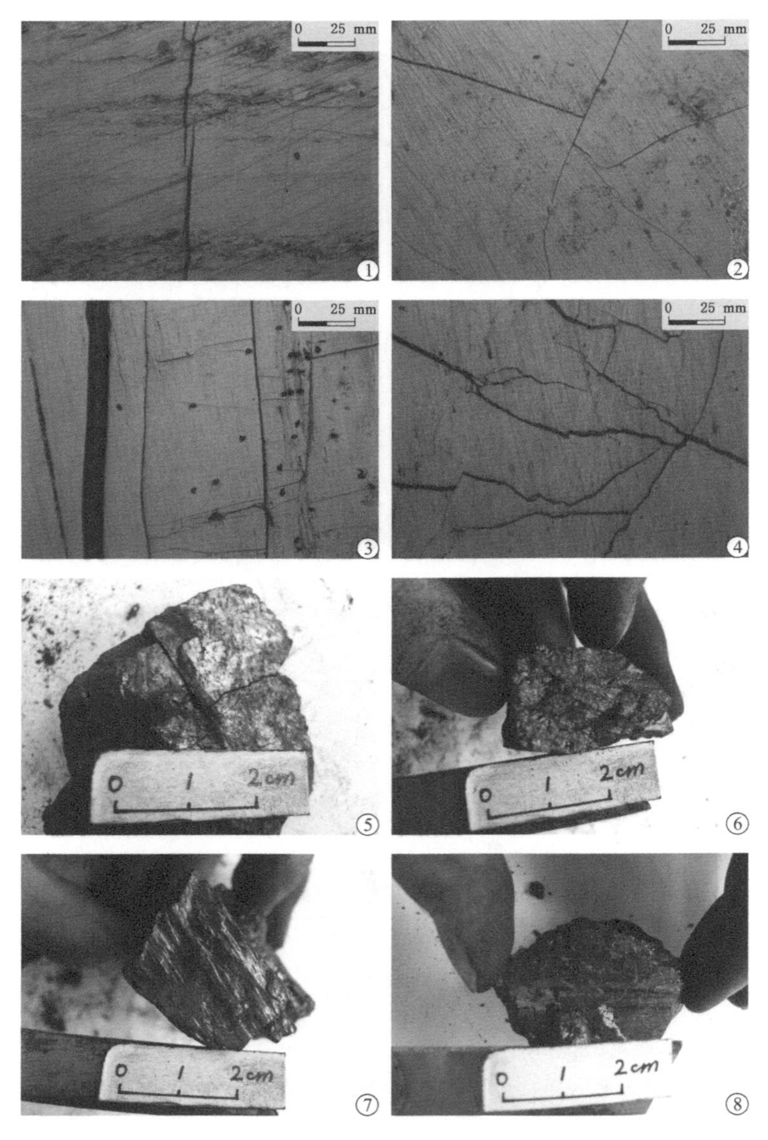

① 样品 HNM07，块状碎裂煤Ⅰ，雁列状裂隙，反射单偏光，×40，淮南张北矿；② 样品 HBM19，块状碎裂煤Ⅰ，呈错止关系的裂隙，反射单偏光，×40，淮北海孜矿；③ 样品 HBM10，块状碎裂煤Ⅰ，束状裂隙，反射单偏光，×40，淮北涡北矿；④ 样品 HBM25，块状碎裂煤Ⅰ，分叉状裂隙，反射单偏光，×40，淮北海孜矿；⑤ 样品 HBM16，块状碎裂煤Ⅱ，易碎裂煤体，手标本，淮北海孜矿；⑥ 样品 HBM16，块状碎裂煤Ⅱ，断面发育顺层节理，手标本，淮北海孜矿；⑦ 样品 HBM16，块状碎裂煤Ⅱ，具有滑动性节理面，手标本，淮北海孜矿；⑧ 样品 HBM71，块状碎裂煤Ⅱ，清晰原生结构，手标本，淮北石台矿。

图版 2

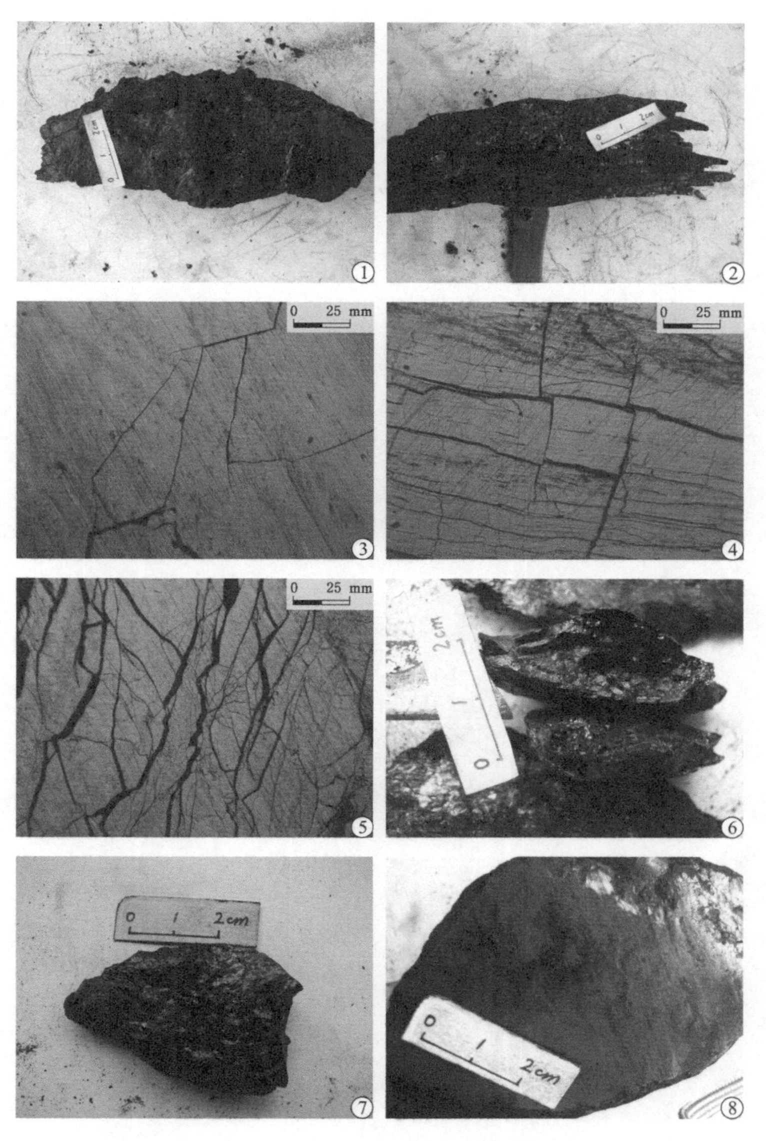

① 样品 HBM38，片状碎裂煤Ⅰ，具有滑动性节理面，手标本，淮北祁南矿；② 样品 HBM38，片状碎裂煤Ⅰ，断面发育一组优势节理，手标本，淮北祁南矿；③ 样品 HBM21，片状碎裂煤Ⅰ，呈错止关系的裂隙，反射单偏光，×40，淮北海孜矿；④ 样品 HBM38，片状碎裂煤Ⅰ，密集束状裂隙，反射单偏光，×40，淮北祁南矿；⑤ 样品 HBM8-1，片状碎裂煤Ⅰ，密集枝杈状裂隙，反射单偏光，×40，淮北涡北矿；⑥ 样品 HBM12，片状碎裂煤Ⅱ，清晰原生结构，手标本，淮北涡北矿；⑦ 样品 HBM74，片状碎裂煤Ⅱ，凹凸状滑面，手标本，淮北石台矿；⑧ 样品 HBM15，碎斑煤，平整滑面，手标本，淮北海孜矿。

图版 3

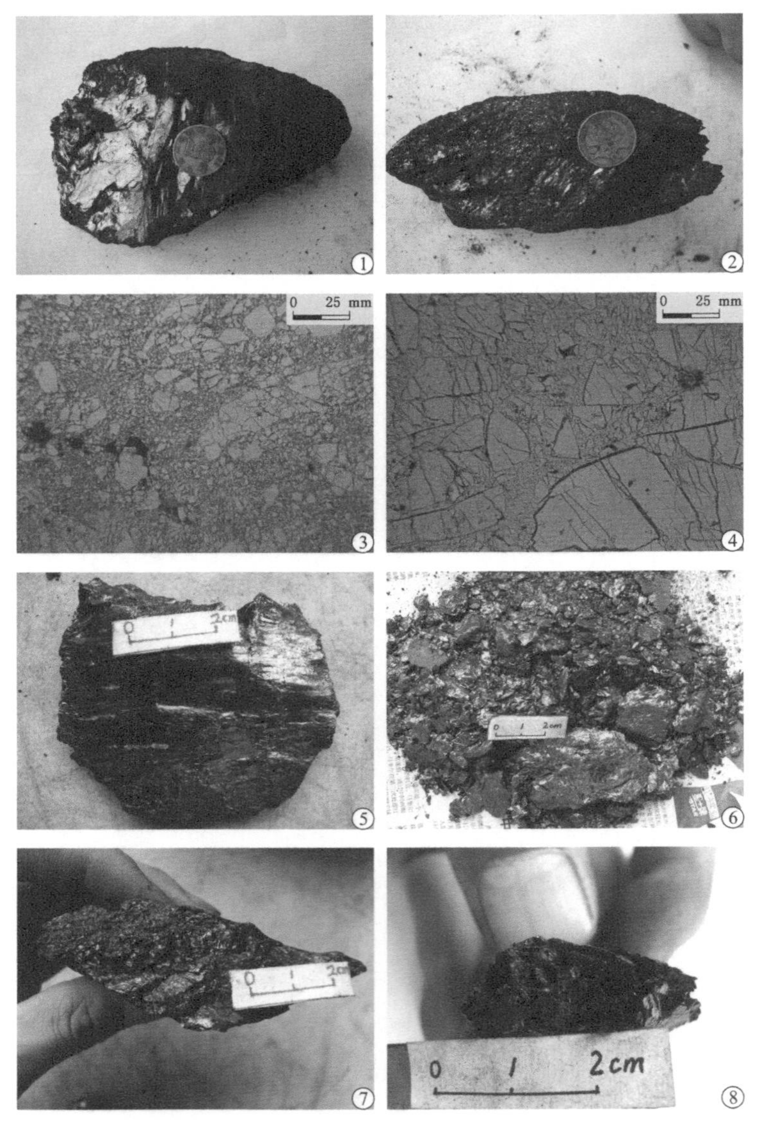

① 样品 GM21，碎斑煤，光亮弧状滑面，手标本，贵州青龙矿；② 样品 GM21，碎斑煤，紊乱滑面和碎粉发育的断面，手标本，贵州青龙矿；③ 样品 HBM15，碎斑煤，碎屑结构，碎斑被磨圆，反射单偏光，×40，淮北海孜矿；④ 样品 GM21，碎斑煤，碎屑结构，碎斑呈棱角状，反射单偏光，×40，贵州青龙矿；⑤ 样品 HBM28-1，鳞片煤Ⅰ，光亮弧状滑面，手标本，淮北海孜矿；⑥ 样品 HBM32，鳞片煤Ⅱ，易碎煤体，手标本，淮北海孜矿；⑦ 样品 HBM28-1，鳞片煤Ⅰ，粗糙参差断面，手标本，淮北海孜矿；⑧ 样品 HBM56，鳞片煤Ⅰ，尖棱状断面，手标本，淮北朱仙庄矿。

图版 4

① 样品 HBM57，鳞片煤Ⅰ，片棱状断面，手标本，淮北朱仙庄矿；② 样品 HBM37，鳞片煤Ⅱ，褶曲发育的断面，手标本，淮北海孜矿；③ 样品 HBM36，鳞片煤Ⅱ，眼球状构造发育的断面，手标本，淮北海孜矿；④ 样品 HBM68，揉皱煤，光滑滑面，手标本，淮北朱仙庄矿；⑤ 样品 HBM65-1，揉皱煤，明亮凹凸滑面，手标本，淮北朱仙庄矿；⑥ 样品 HBM75，揉皱煤，揉皱发育的断面，手标本，淮北石台矿；⑦ 样品 HBM33，揉皱煤，眼球状构造发育的断面，手标本，淮北海孜矿；⑧ 样品 HBM11，揉皱煤，枝杈状弯曲紧闭裂隙，反射单偏光，×40，淮北涡北矿。

图版 5

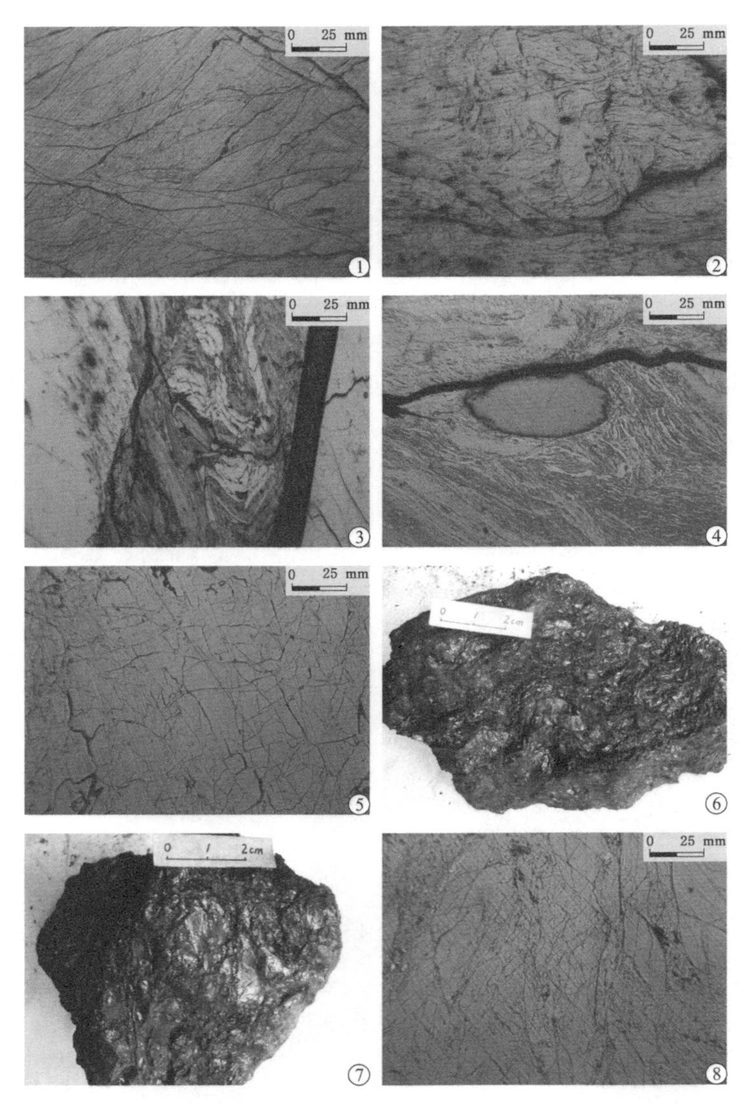

① 样品 HBM59，揉皱煤，枝杈状弯曲紧闭裂隙，反射单偏光，×40，淮北朱仙庄矿；② 样品 HBM11，揉皱煤，黏土和裂隙参与显现微揉皱，反射单偏光，×40，淮北涡北矿；③ 样品 HBM33，揉皱煤，黏土参与显现微揉皱，反射单偏光，×40，淮北海孜矿；④ 样品 HBM68，揉皱煤，壳质组参与显现微揉皱，反射单偏光，×40，淮北朱仙庄矿；⑤ 样品 HBM02，揉皱煤，密集发育的紧闭短小纹裂，反射单偏光，×40，淮北涡北矿；⑥ 样品 HBM60，揉皱糜棱煤，断面上发育揉皱、紊乱的滑面和碎粉，手标本，淮北朱仙庄矿；⑦ 样品 HBM60，揉皱糜棱煤，破碎滑面，手标本，淮北朱仙庄矿；⑧ 样品 HBM60，揉皱糜棱煤，密集发育紧闭纹裂，反射单偏光，×40，淮北朱仙庄矿。

图版 6

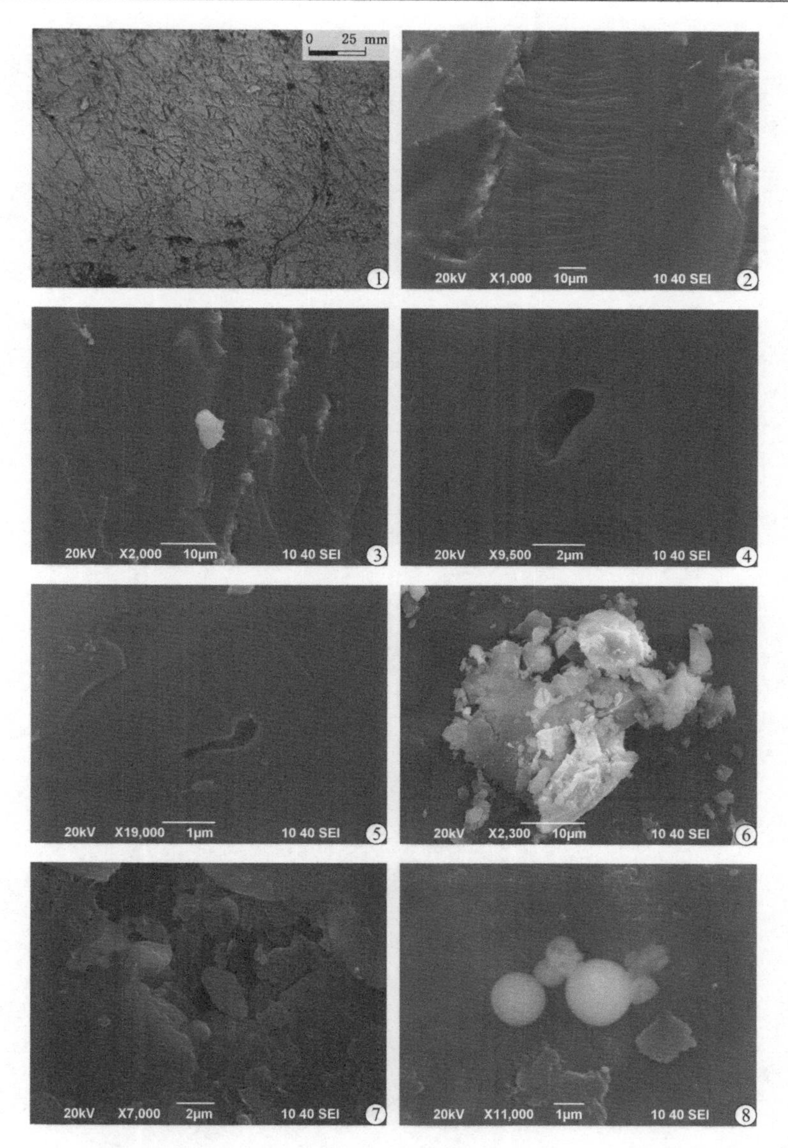

① 样品 HBM60，揉皱糜棱煤，煤体糜棱化现象，反射单偏光，×40，淮北朱仙庄矿；② 样品 HBM40-2，初碎裂煤，贝壳状断口，扫描电镜，淮北祁南矿；③ 样品 HBM40-2，初碎裂煤，阶梯状断口，扫描电镜，淮北祁南矿；④ 样品 HBM40-2，初碎裂煤，零星发育气孔，扫描电镜，淮北祁南矿；⑤ 样品 HBM40-2，初碎裂煤，零星发育气孔，扫描电镜，淮北祁南矿；⑥ 样品 HBM40-2，初碎裂煤，断面上附着矿物及煤屑，扫描电镜，淮北祁南矿；⑦ 样品 HBM40-2，初碎裂煤，微片状物质充填裂隙，扫描电镜，淮北祁南矿；⑧ 样品 HBM40-2，初碎裂煤，球状矿物，扫描电镜，淮北祁南矿。

图版 7

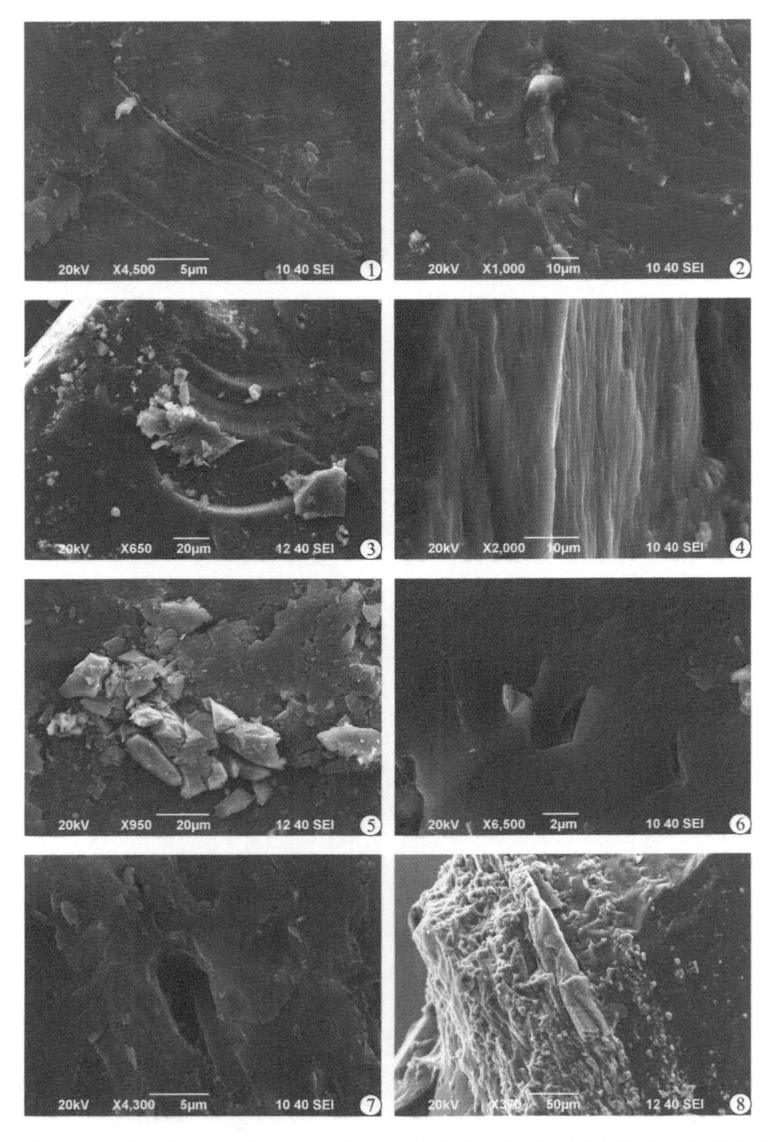

① 样品 HBM40-2,初碎裂煤,似划痕现象,扫描电镜,淮北祁南矿;② 样品 HNM07,块状碎裂煤Ⅰ,附梯状断口,扫描电镜,淮南张北矿;③ 样品 HBM19,块状碎裂煤Ⅰ,阶梯状断口,扫描电镜,淮北海孜矿;④ 样品 GM25,块状碎裂煤Ⅰ,贝壳状断口,扫描电镜,贵州青龙矿;⑤ 样品 HBM19,块状碎裂煤Ⅰ,断面上附着矿物及煤屑,扫描电镜,淮北海孜矿;⑥ 样品 HNM07,块状碎裂煤Ⅰ,变形胞腔被矿物充填,扫描电镜,淮南张北矿;⑦ 样品 HNM07,块状碎裂煤Ⅰ,少量发育的孢子体,扫描电镜,淮南张北矿;⑧ 样品 HBM19,块状碎裂煤Ⅰ,带状发育的丝质组和黄铁矿,扫描电镜,淮北海孜矿。

图版 8

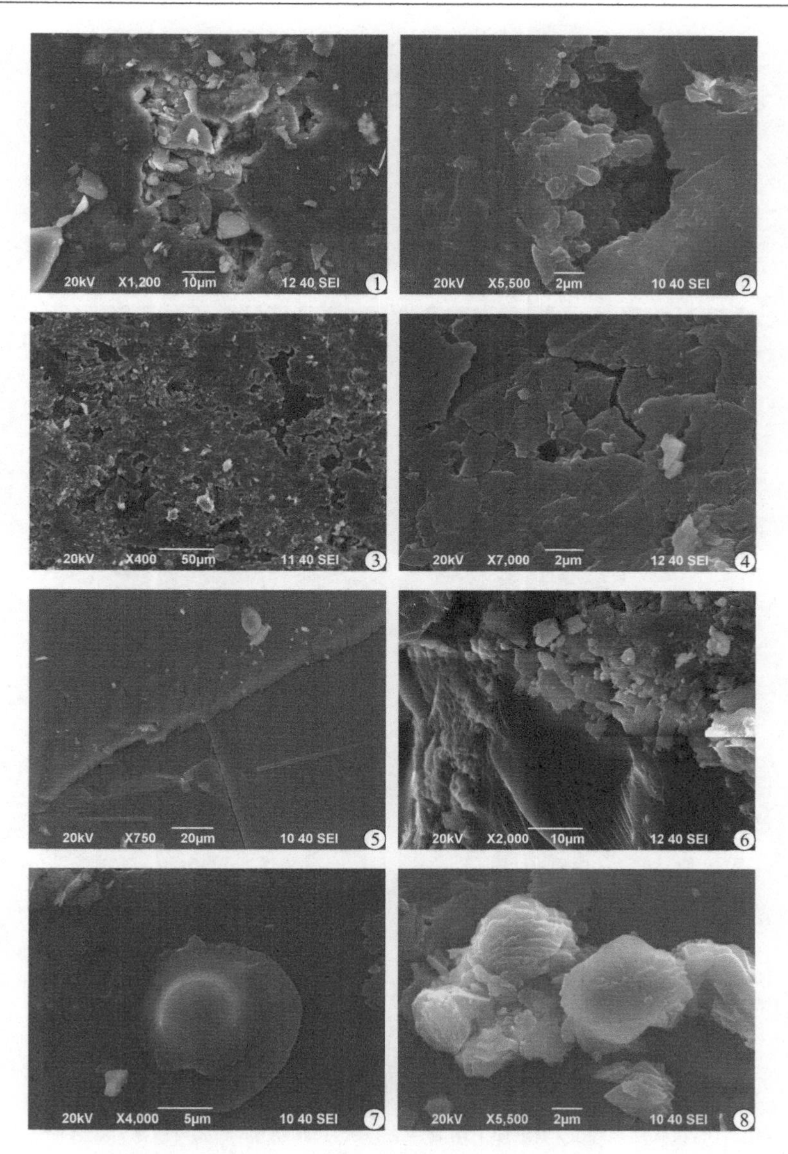

① 样品 HBM19，块状碎裂煤Ⅰ，被矿物充填的孔洞，扫描电镜，淮北海孜矿；② 样品 GM25，块状碎裂煤Ⅰ，被微片状物质充填的孔洞，扫描电镜，贵州青龙矿；③ 样品 HBM19，块状碎裂煤Ⅰ，薄层状方解石，扫描电镜，淮北海孜矿；④ 样品 HBM16，块状碎裂煤Ⅱ，微角砾状碎裂，扫描电镜，淮北海孜矿；⑤ 样品 HBM45，块状碎裂煤Ⅱ，阶梯及贝壳状断口，扫描电镜，淮北祁南矿；⑥ 样品 HBM16，块状碎裂煤Ⅱ，贝壳状断口，扫描电镜，淮北海孜矿；⑦ 样品 HBM45，块状碎裂煤Ⅱ，眼球状断口，扫描电镜，淮北祁南矿；⑧ 样品 HBM45，块状碎裂煤Ⅱ，节理面上附着碎屑物质，扫描电镜，淮北祁南矿。

图版 9

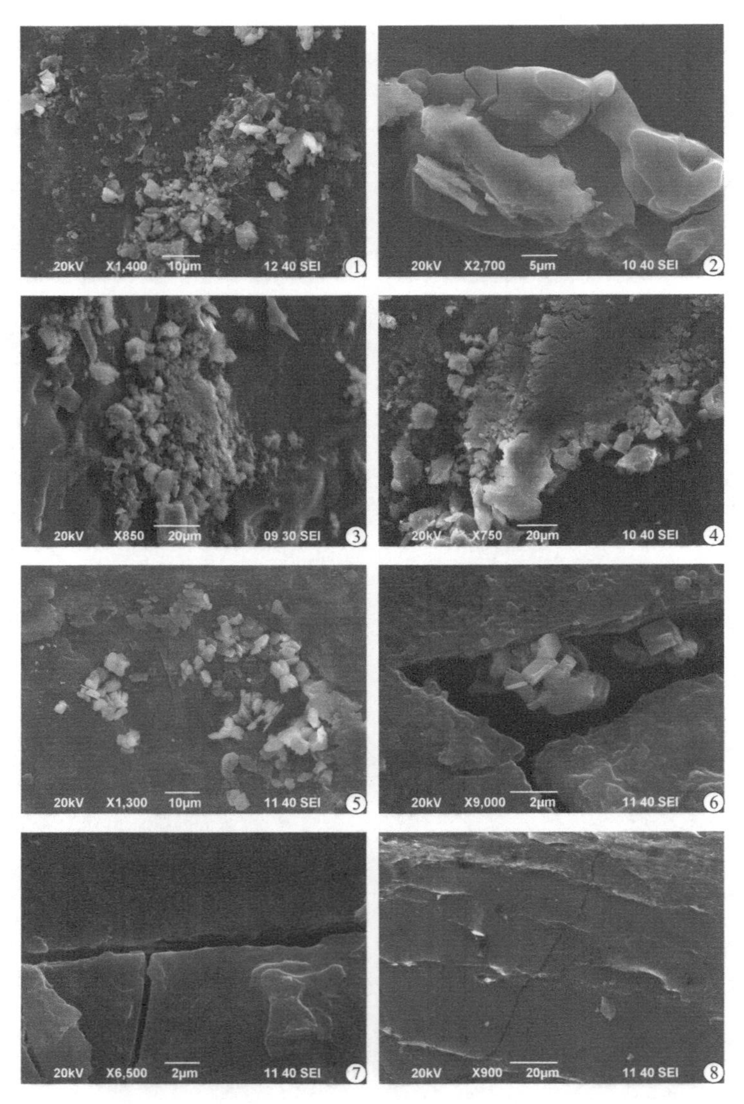

① 样品 HBM16，块状碎裂煤Ⅱ，节理面上附着碎屑物质，扫描电镜，淮北海孜矿；② 样品 HBM45，块状碎裂煤Ⅱ，内生裂隙，扫描电镜，淮北祁南矿；③ 样品 HBM21，片状碎裂煤Ⅰ，断面上附着碎屑物质，扫描电镜，淮北海孜矿；④ 样品 HBM54，片状碎裂煤Ⅰ，节理滑面发育微碾压痕，扫描电镜，淮北祁南矿；⑤ 样品 HBM54，片状碎裂煤Ⅰ，黏土矿物附着，扫描电镜，淮北祁南矿；⑥ 样品 HBM54，片状碎裂煤Ⅰ，被黏土矿物充填的裂隙，扫描电镜，淮北祁南矿；⑦ 样品 HBM54，片状碎裂煤Ⅰ，被微片状物质充填的张剪裂隙，扫描电镜，淮北祁南矿；⑧ 样品 HBM12，片状碎裂煤Ⅱ，参差断面，扫描电镜，淮北涡北矿。

图版 10

① 样品 HBM12，片状碎裂煤Ⅱ，贝壳状断口，扫描电镜，淮北涡北矿；② 样品 HNM05，片状碎裂煤Ⅱ，大量发育的黄铁矿晶体颗粒，扫描电镜，淮南张北矿；③ 样品 HNM05，片状碎裂煤Ⅱ，放大效果的黄铁矿晶体颗粒，扫描电镜，淮南张北矿；④ 样品 HNM05，片状碎裂煤Ⅱ，黄铁矿晶体脱落形成的铸模孔，扫描电镜，淮南张北矿；⑤ 样品 HBM12，片状碎裂煤Ⅱ，自形程度较好的黏土矿物，扫描电镜，淮北涡北矿；⑥ 样品 HBM12，片状碎裂煤Ⅱ，滑面上发育微碾压痕，扫描电镜，淮北涡北矿；⑦ 样品 HNM05，片状碎裂煤Ⅱ，滑面上发育微片状构造，扫描电镜，淮南张北矿；⑧ 样品 HBM17，碎斑煤，参差状断面，扫描电镜，淮北海孜矿。

图版 11

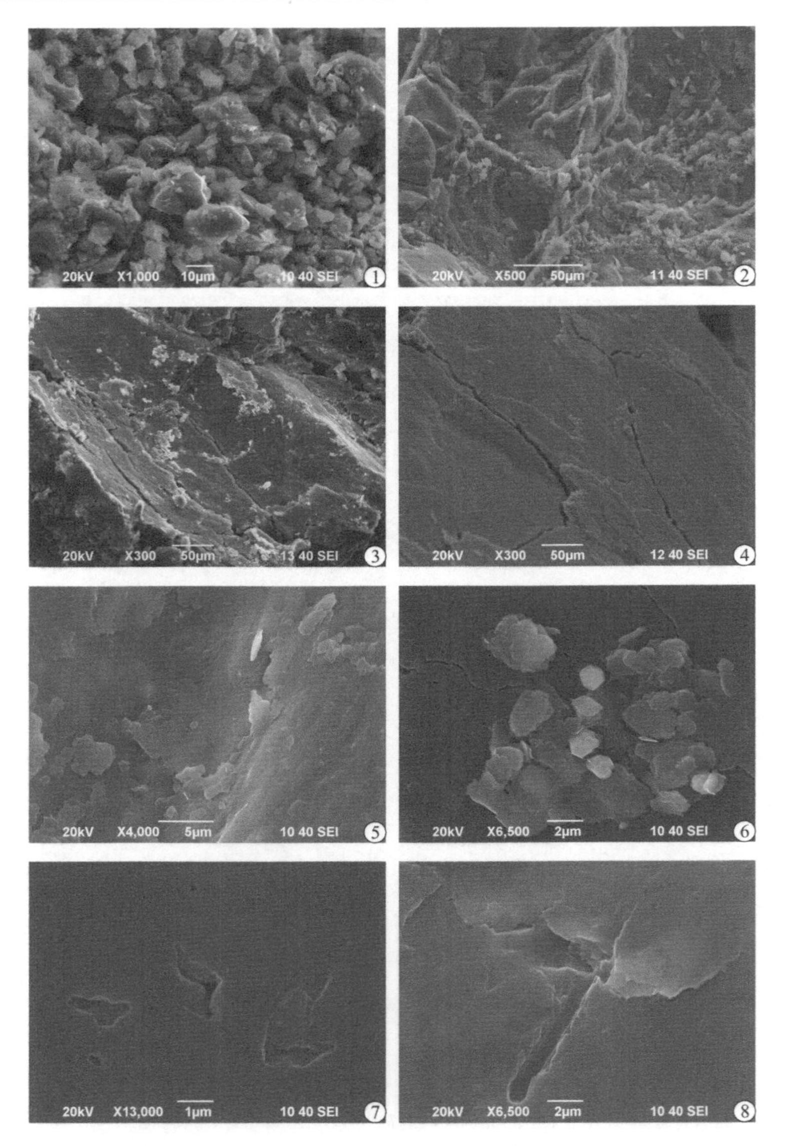

① 样品 HBM17，碎斑煤，断面上发育大量微米及纳米级颗粒，扫描电镜，淮北海孜矿；② 样品 GM21，碎斑煤，参差断面，扫描电镜，贵州青龙矿；③ 样品 HBM17，碎斑煤，裂隙发育滑面，扫描电镜，淮北海孜矿；④ 样品 GM21，碎斑煤，裂隙发育滑面，扫描电镜，贵州青龙矿；⑤ 样品 HBM78，鳞片煤Ⅰ，滑面上发育微片状构造，扫描电镜，淮北石台矿；⑥ 样品 HBM78，鳞片煤Ⅰ，不规则张裂，扫描电镜，淮北石台矿；⑦ 样品 HBM78，鳞片煤Ⅰ，不规则孔洞，扫描电镜，淮北石台矿；⑧ 样品 HBM78，鳞片煤Ⅰ，滑面上发育似擦痕现象，扫描电镜，淮北石台矿。

图版 12

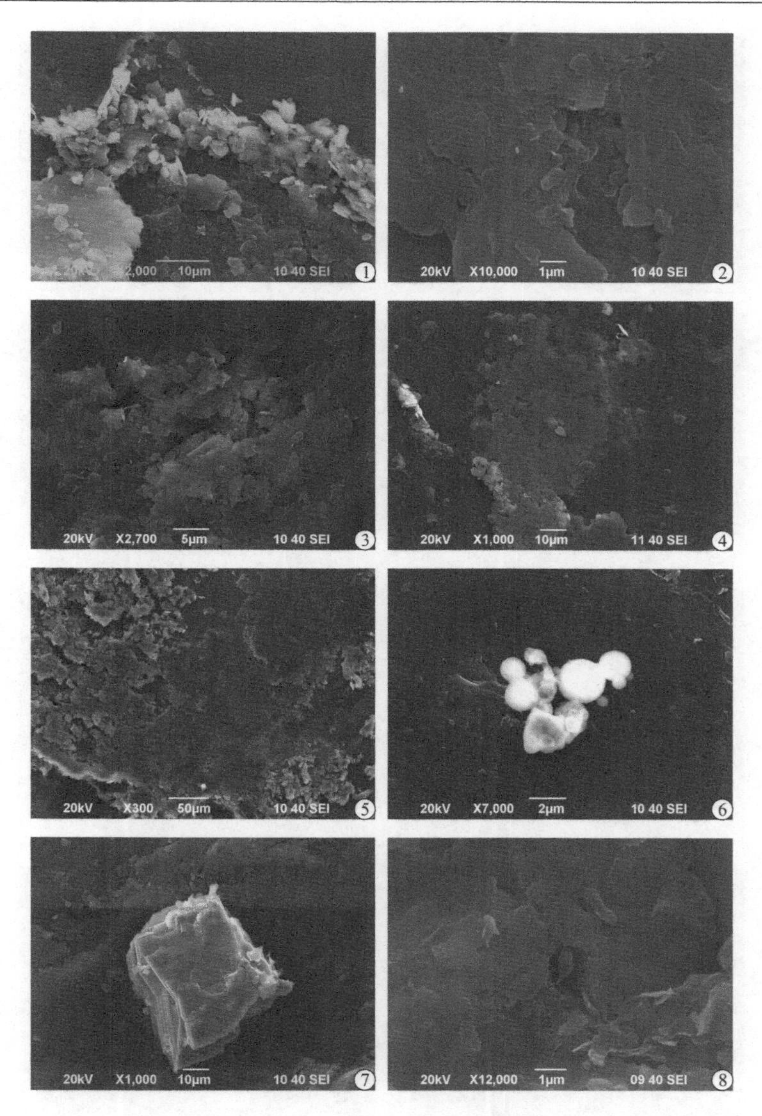

① 样品 HBM69，鳞片煤Ⅱ，滑面上发育微片状构造，扫描电镜，淮北朱仙庄矿；② 样品 HBM37，鳞片煤Ⅱ，滑面上发育微片状构造，扫描电镜，淮北海孜矿；③ 样品 HBM36，鳞片煤Ⅱ，滑面上发育微片状构造，扫描电镜，淮北海孜矿；④ 样品 HBM69，鳞片煤Ⅱ，滑面上发育微碾压痕，扫描电镜，淮北朱仙庄矿；⑤ 样品 HBM37，鳞片煤Ⅱ，滑面上发育微碾压痕，扫描电镜，淮北海孜矿；⑥ 样品 HBM69，鳞片煤Ⅱ，滑面上附着球状矿物，扫描电镜，淮北朱仙庄矿；⑦ 样品 HBM36，鳞片煤Ⅱ，结晶较好的方解石颗粒，扫描电镜，淮北海孜矿；⑧ 样品 HBM59，揉皱煤，滑面上发育微片状构造，扫描电镜，淮北朱仙庄矿。

图版 13

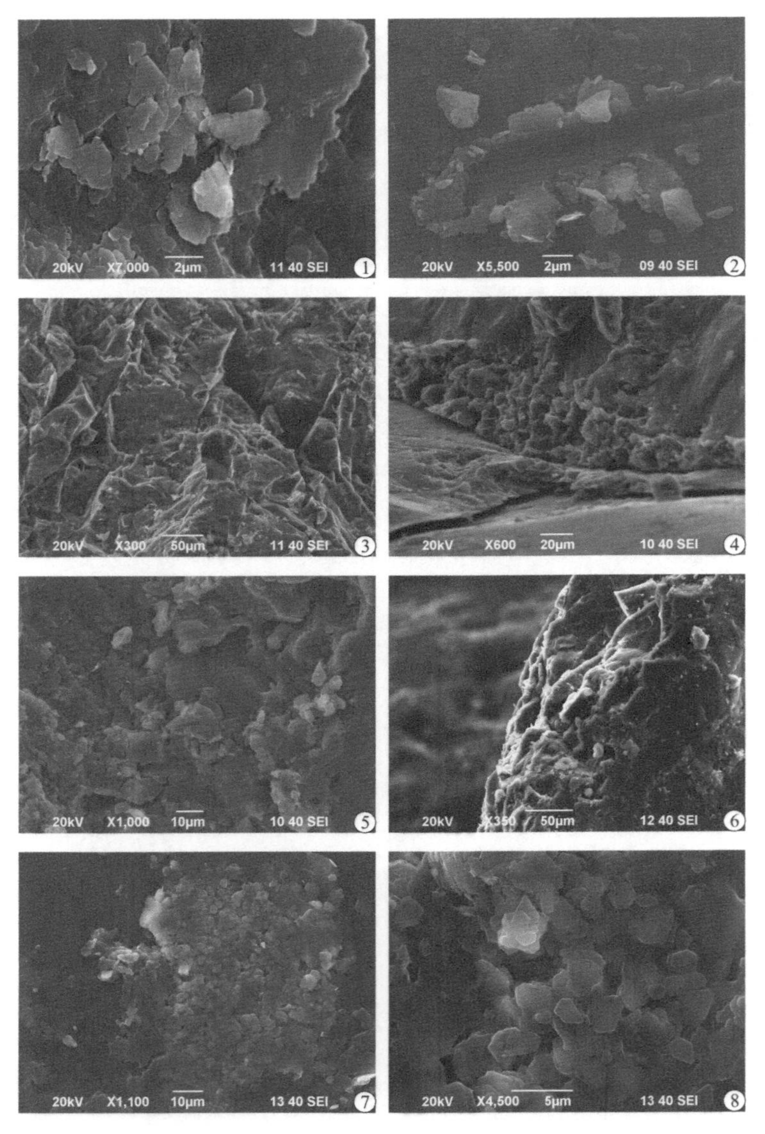

① 样品 HBM11，揉皱煤，滑面上发育微片状构造，扫描电镜，淮北涡北矿；② 样品 HBM59，揉皱煤，滑面上发育微擦痕，扫描电镜，淮北朱仙庄矿；③ 样品 HBM02，揉皱煤，参差破碎断面，扫描电镜，淮北涡北矿；④ 样品 GM13，揉皱煤，参差破碎断面，扫描电镜，贵州青龙矿；⑤ 样品 GM13，揉皱煤，破碎滑面，扫描电镜，贵州青龙矿；⑥ 样品 HBM60，揉皱糜棱煤，破碎断面，扫描电镜，淮北朱仙庄矿；⑦ 样品 HBM60，揉皱糜棱煤，滑面发育微片状构造，扫描电镜，淮北朱仙庄矿；⑧ 样品 HBM60，揉皱糜棱煤，滑面发育微片状构造，扫描电镜，淮北朱仙庄矿。

图版 14